百姓百味

百姓爱吃的
小炒菜

熊 嫂◎主编

黑龙江科学技术出版社
HEILONGJIANG SCIENCE AND TECHNOLOGY PRESS

图书在版编目（CIP）数据

百姓爱吃的小炒菜 / 熊嫂主编. -- 哈尔滨 ： 黑龙江科学技术出版社，2018.3（2021.9重印）

（百姓百味）

ISBN 978-7-5388-9506-3

Ⅰ.①百… Ⅱ.①熊… Ⅲ.①炒菜－菜谱Ⅳ.①TS972.12

中国版本图书馆CIP数据核字(2018)第014210号

百 姓 爱 吃 的 小 炒 菜
BAIXING AICHI DE XIAOCHAOCAI

主　　编	熊　嫂	
责任编辑	王　姝	
摄影摄像	深圳市金版文化发展股份有限公司	
策划编辑	深圳市金版文化发展股份有限公司	
封面设计	深圳市金版文化发展股份有限公司	
出　　版	黑龙江科学技术出版社	
	地址：哈尔滨市南岗区公安街70-2号　邮编：150007	
	电话：（0451）53642106　传真：（0451）53642143	
	网址：www.lkcbs.cn	
发　　行	全国新华书店	
印　　刷	三河市金元印装有限公司	
开　　本	685 mm×920 mm　1/16	
印　　张	13	
字　　数	180千字	
版　　次	2018年3月第1版	
印　　次	2021年9月第4次印刷	
书　　号	ISBN 978-7-5388-9506-3	
定　　价	52.00元	

序言

《百姓爱吃的小炒菜》手把手教你如何炒出好滋味，从刀工的运用、调味乃至火候，无一不细，更有炒菜妙招。本书介绍的菜肴包括健康的时蔬、诱人的肉食、鲜美的水产和香气扑鼻的禽蛋类等。每道菜都有具体的步骤和精美的大图，更有二维码视频教学，让你在短时间内就能将美味可口的饭菜端上桌！

想享用快捷、方便、热腾腾的美味，相信没有什么比小炒来得更实惠了。尤其对于工作、生活节奏都很快的现代人，快炒可算是必备的基本生存技能。一盘用心烹制的小炒，足以温暖全家人的胃。看似简单的一道菜，讲究对刀工、火候、调味等多方面的微妙把握。小炒，要突出一个"快"，快速上手，在最短的时间里将美味凝结。

小炒下饭，方便而快速。夜幕降临，华灯初上，隐入厨房的家庭主妇或"煮夫"，挥舞着锅铲，看着葱姜在油锅里爆香，下入食材，"呲啦"一声，油烟味和食材的香味顿时四处飘来，简单加以调味，不时翻炒，不消几分钟，一盘色香味俱佳的小炒就做成了。摆上餐桌，拿起碗筷，和家人一同分享一天的见闻，将所有烦恼丢到十万八千里之外。

目录 Contents

Chapter 1
小炒基础知识多知道，新技能 get

* 芦笋炒腊肉

* 马蹄玉米炒核桃仁

Chapter 2
清新素食，美味又低卡

Chapter 3
浓香畜肉，解馋又下饭

＊蒜薹炒牛肉

* 韭菜花炒腊鸭腿

Chapter 4
爽滑禽蛋，质朴又营养

* 油爆虾仁

Chapter 5
肥美水产，鲜美又不腻

小炒基础知识多知道，新技能 get

Chapter 1

刀工运用有技巧

做好菜从"切"开始

做菜有秘方，切菜有技巧。很多人认为切菜是最不重要的一道工序，其实不然，切菜的刀工，不仅决定烹饪的难易程度，甚至影响菜肴的营养价值。

（1）直切

直切一般是左手按稳原料，右手操刀。切时，刀垂直向下，一刀一刀笔直地切下去。直切要求：第一，左右手要有节奏地配合；第二，左手中指关节抵住刀身向后移动，移动时要保持等距，使切出的原料形状均匀，整齐；第三，右手操刀运用腕力，落刀要垂直，不偏里或偏外；第四，右手操刀时，左手要按稳原料。直刀切法一般用于脆性原料，如青笋、鲜藕、萝卜、黄瓜、白菜、土豆等。

（2）推切

推切的刀法是刀与原料垂直，切时刀由后向前推，着力点在刀的后部，一切推到底，匀速向前推。推切主要用于质地较松散、用直刀切容易破裂或散开的原料，如叉烧肉、熟鸡蛋等。

（3）拉切

拉切的刀法也是在施刀时，刀与原料垂直，切时刀由前向后拉。实际上是虚推实拉，主要以拉为主，着力点在刀的前部。拉切适用于韧性较强的原料，如千张、海带、鲜肉等。

（4）锯切

锯切刀法是推切和拉切刀法的结合，这是相对而言较难掌握的一种刀法。操作时刀与原料垂直，切时先将刀向前推，然后再向后拉。锯切要求：第一，刀运行的速度要慢，着力小而匀；第二，前后推拉刀面要笔直，不能偏里或偏外；第三，切时左手将原料按稳，不能移动，否则会大小、薄厚不匀；第四，要用腕力和左手中指合作，以控制原料形状和薄厚。锯切刀法一般用于把较厚无骨而有韧性的原料，或将质地松软的原料切成较薄的片形，如涮羊肉的肉片等。

（5）铡切

铡切的方法有两种，一种是右手握刀柄，左手握住刀背的前端，两手平衡用力压切；另一种是右手握住刀柄，左手按住刀背前端，左右两手交替用力摇动。铡切刀法要求：第一，刀要对准所切的部位，并使原料不能移动，下刀要准；第二，不管压切还是摇切都要迅速敏捷，用力均匀。铡切刀法一般用于处理带有软骨、细小骨，或体小、形圆易滑的生料和熟料，如鸡、鸭、鱼、蟹、花生米等。

（6）滚切

滚切刀法即用左手按稳原料，右手持刀不断下切，每切一刀即将原料滚动一次。一般情况是滚得快、切得慢，切出来的是块；滚得慢、切得快，切出来的是片。这种滚切法可切出多样的块、片，如滚刀块、菱角块、梳子块等。滚切刀法的要求是：左手按稳原料，右手持刀不断地往下切，每切一刀即将原料滚动一次。多用于圆形或椭圆形的脆性蔬菜类原料，如萝卜、青笋、黄瓜、茭白等。

刀工进阶——"片"

片又称劈。片的刀技也是处理无骨韧性原料、软性原料，或者是煮熟回软的动物和植物性原料的刀法。施刀时，一般是将刀身放平，正着（或斜着）进行工作。

（1）推刀片

推刀片是左手按稳原料，右手持刀，刀身放平，使刀身和菜墩面呈近似平行状态，持刀向左稳推，以刀的高低来控制所要求的薄厚。推刀片多用于煮熟回软或脆性原料，如熟笋、玉兰片、豆腐干、肉冻等。

（2）拉刀片

拉刀片要放平刀身，先将刀的后部片进原料，然后往回拉刀，一刀片下。拉刀片的要求基本与推刀片相同，只是刀口片进原料后运动方向相反。拉刀片多用于韧性原料，如鸡片、鱼片等。

（3）斜刀片

斜刀片是左手按稳原料的左端，右手持刀，刀背翘起，刀刃向左，角度略斜，片进原料，以原料表面靠近左手的部位向左下方移动。如海参片、鸡片、鱼片、熟肚片、腰子片等，均可采用这种刀法。

（4）反刀片

反刀片与斜刀片方法大致相同，不同的是反刀片的刀背向里（向着身体），刀刃向外，利用刀刃的前半部工作，使刀身与菜墩呈斜状。刀片进原料后，由里向外运动。反刀片一般适用于脆性易滑的原料。

（5）锯刀片

锯刀片是推拉的综合刀技。施刀时，先推片，后拉片，使刀一往一返进行工作，是专片（无筋或少筋）瘦肉、通脊类原料的刀技。如鸡丝，就是先用锯片刀技，片成大薄片，然后再切丝。

调料：让小炒色香味俱全

油你选对了吗?

炒菜的时候选对油、选好油非常重要，油的好坏不仅决定了菜肴的口感和成色，还决定了菜肴的营养健康与否。因此，要炒好菜，必须要选好油。

（1）油烟的危害

炒菜时油往往需要加热到较高的温度，尤其是爆炒。油脂在高温下会发生多种化学变化，而油烟是这种变化的最坏产物之一。油烟中的丙烯醛具有强烈的刺激性和催泪性，吸入人体会刺激呼吸道，引发咽炎、气管炎、肺炎等，还是导致肺癌、心脏病、糖尿病的风险因素。

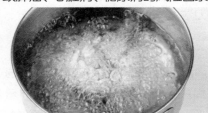

（2）油的烟点

烹调时，油烟什么时候开始产生，与油的烟点密切相关。烟点是指油开始明显冒烟的温度，一般来说，烟点越低的油，越不耐热，越不适合高温烹调。油的烟点跟其精炼程度和脂肪酸的组成有关。通常情况下，油的精炼程度越低，不饱和脂肪酸含量越高，其烟点越低，也就越不耐热。我国食用油标准将油分为四级，其中一级油的精炼程度最高，看上去更清澈透亮，其烟点最高，一级油的烟点在215℃以上，二级油在205℃以上，对于三级油和四级油的烟点没有要求，但由于它们的精炼程度较低，烟点也低，不适合高温烹调。

（3）如何选油

市面上常见的烹调油有花生油、大豆油、玉米油、茶籽油、葵花籽油、调和油等。日常炒菜应该首选耐热性较好的花生油和茶籽油。但要注意的是，要在油烟还没有明显产生的时候，就把菜扔进去。葵花籽油、大豆油和玉米油等富含多不饱和脂肪酸，油脂耐热性相对较差，如果用来炒菜，一定要控制好炒菜温度，筷子插入有气泡时就赶紧把菜放入，并尽量缩短炒菜时间。这类油可用于极短时间炝锅、炖菜、煎蛋、蒸菜、做汤和各种非油炸面点等。由于调和油由多种油混合而成，其烟点不好确定，但也不建议爆炒。

合理利用调味料

炒菜的时候如果合理利用调味料,不仅可以提高菜肴的质量,而且可以为我们做得糟糕的菜肴起到补救作用。

花椒

为了增加食用油的香味,可把油注入锅里加热,并加入花椒、茴香等,用微火炸一炸。注意不要等花椒完全炸煳,油冷却后装入清洁的容器中备用。

白糖

炒糖醋菜肴时应先放糖,后放盐,否则盐的脱水作用会促进菜肴中蛋白质凝固而使其无法吸收糖分,造成外甜里淡。做糖醋菜肴按2份糖、1份醋的比例调配,便可做到甜酸适度。

醋和酱油

凡需要加醋的热菜,在起锅前将醋沿锅边淋入,比直接淋在菜上香味更加醇厚浓郁。而酱油最好在菜出锅前放,这样既能调味,又能保持酱油的营养成分。

香菜

香菜是我们炒菜时常用的一种配料。香菜是一种伞形花科类植物,富含香精油,香气浓郁。但香精油极易挥发,因此香菜最好在菜起锅时或食用前加入。

番茄酱

番茄酱色泽淡红,味酸甜,是烹调中常用的调色增味佐料之一。使用时先用油炒一下更好。因番茄酱较浓稠,带有生果汁味,并略带一点儿酸涩味,经油炒后即可去除此味。炒时加点盐、白糖更好。

料酒

"料酒"是烹饪用酒的称呼,添加黄酒、花雕酿制,其酒精浓度低,含量在15%以下,而酯类含量高,富含氨基酸,在烹制菜肴中使用广泛。料酒的调味作用主要为去腥、增香。

最大限度保护食物的营养素

食物在烹调过程中营养素的流失是不能完全避免的，但如果采取一些保护性措施，则能使菜肴保存更多的营养素。

（1）蔬菜类

蔬菜切后应当即刻下锅。因为蔬菜里所含的多种维生素多半不大稳定，如果切碎的菜不及时下锅，蔬菜中的维生素便会被空气氧化而丢失一部分。

炒蔬菜的时间不宜太长，烹调时尽量采用旺火急炒的方法。绿叶菜中的维生素C怕高温，烹调时温度过高或加热时间过长，食材的维生素C会被大量破坏。用旺火快炒可少损失一部分维生素，尤其是维生素C。旺火炒菜还可保持食材的鲜绿颜色，并且口感脆爽。但也有例外，例如夏季人们吃的扁豆、豆角中含有一种叫植物血球凝集素的物质，对人体有害。所以炒扁豆、豆角时要先用冷水泡一会儿或先用开水烫一下再炒，要炒熟、炒透，才可以将毒素彻底破坏掉。

勾芡能使汤料混为一体，使浸出的一些成分连同菜肴一同被人体摄入，而且还能使菜颜色鲜艳，味道鲜美。最不好的烹调方法是先用开水把菜烫或煮后挤出菜汁再炒。挤出菜汁会使蔬菜中的维生素、矿物质损失较多。

另外，一般人习惯于单一地炒一种蔬菜，其实，多种菜合在一起炒更营养。一方面，虽然蔬菜中都含有丰富的维生素、矿物质和纤维素等，但不同的蔬菜所含的营养成分是不同的。两种或几种蔬菜一起炒，能为人体提供所需的多种营养元素，因此，蔬菜合炒，营养互补。另一方面，青菜炒肉有利于补钙。各种青菜都含丰富的钙，但是蔬菜中含的钙，能直接被人体吸收的却不多。而食物中的蛋白质能够促进钙的吸收，若蛋白质缺乏，钙的吸收就会受到影响。各种肉类均富含蛋白质，因此，青菜炒肉有利于补钙。

（2）肉类

肉类不仅能提供人体所需要的蛋白质、脂肪、无机盐和维生素，而且味道鲜美、营养丰富，容易被人体消化吸收，饱腹作用强，可烹调成多种菜肴。

在炒菜的时候，使用一些方法可以使肉类中的营养更好地释放出来。

将原料用淀粉和鸡蛋上浆挂糊，营养素不易大量溢出，可减少营养的流失，而且不会因为高温而使蛋白质变性，或使维生素被大量分解破坏。由于维生素具有怕碱不怕酸的特性，因此在菜肴中尽可能放点儿醋。醋也能使肉内的钙被溶解得多一些，从而增加钙的供给量。

一般市场上买的肉，最好先用水焯一下，再煸炒。焯的意义在于去除肉中的腥味。煸炒时不要放太多油，煸炒完后，可以去掉一些炒出的猪油，才能做到肥而不腻。

淀粉中的还原性谷胱甘肽有保护维生素C的作用，肉类中也含有还原性谷胱甘肽。将蔬菜和肉一起烹调，不仅味道鲜美，而且能避免维生素C的流失。肉切片或丝后用少许油拌匀。油具有张性，在肉的表面形成保护膜，使肉的营养不流失。菜若需要炒的时间较长，

应盖上锅盖，盖得越严越好，因为溶解在水里的维生素易随着水气跑掉，造成菜中维生素流失，影响菜肴新鲜度。

（3）蛋类

蛋是大自然赐予人类的礼物，它富含营养，天然健康，是人类"理想的营养库"，它含有的蛋白质、卵磷脂、维生素A、维生素B_1、维生素B_2、钙、铁、维生素D，都是人们恢复体力的必备元素。怎么炒蛋才能保证其营养能够流失更少呢？

开火时，先把锅烧热，温度以手放在上方感觉到热度为宜，这时再倒入油。一定要先热锅，热锅凉油，这样油入锅后可迅速变热，减少加热时间，减少有害物质的产生。油烧至七成热时，倒入打好的蛋液。入锅炒制时，加一点儿温水搅几下，即使火大、时间稍长些，也不致炒老、炒干瘪。放入的鸡蛋液迅速膨胀，但是中心部位还是液体，此时用铲子将边缘划开一道缝，待蛋液流出后迅速用铲子从中心向四周打圈，鸡蛋全部变成固体后即可出锅装盘了。但是一次不要炒得太多。炒时油要多，身手一定要敏捷，否则很容易炒老或炒糊。

炒菜有妙招

你想做出一桌营养美味的家常小炒吗？要做出营养美味的小炒，除蔬菜以外的材料，或多或少都要挂糊或者上浆，这既可以保存菜肴中的水分、风味物质，又可以使维生素C等营养素不易流失。了解一些炒菜诀窍对于保持菜肴的营养和烹调香喷的滋味是至关重要的。在这里，就教给你更多炒菜的诀窍。

炒菜之前不同食材的处理

①炒牛肉片时，先在切好的肉片中下好作料，再加适量花生油（或豆油、棉籽油等）拌匀，腌渍半小时再下锅，炒出的肉片金黄玉润、肉质细嫩。还可用啤酒腌渍，也很美味爽口。

②炒猪肉片前将切好的肉片放在漏勺里，在开水中晃动几下，待肉刚变色时捞出，沥去水分再下锅，只需3～4分钟就能熟，并且鲜嫩可口。

③炒青菜的时候如果善于利用盐和水，就会对保持青菜的清爽口感有很大的帮助。比如在炒黄瓜、莴笋等青菜时，洗净切好后撒少许盐拌好，腌渍几分钟，控去水分后再炒，能保持其脆嫩清鲜。很多青菜在炒之前可以先焯一下，然后入炒锅快速翻炒1～2分钟就出锅，也可保持其爽脆口感。

④有些青菜，如油菜，有苦涩味，下锅之前，用开水焯一下，就可除去苦味；竹笋有涩味，烹调前将其连皮放在淘米水中，加入一个去籽的红辣椒，用温火煮好后熄火，让它自然冷却，再取出来用水冲洗，涩味就没了。

⑤炒猪肝前，可用点硼砂和白醋腌渍一下，硼砂能使猪肝爽脆，白醋能使猪肝不渗血水。腰花切好后加少许白醋，用水浸泡10分钟，腰花会发大，无血水，炒熟后洁白脆口。炒鱼片时，加些白糖，鱼皮就不易破坏。将剥去皮的虾仁放入碗内，每250克虾仁加入1.0～1.5克精盐或食用碱。用手轻轻抓搓一会儿后用清水浸泡，然后再用清水漂洗干净。这样能使炒出的虾仁透明如水晶，爽嫩而可口。

牛羊鱼肉去腥味法

①鱼肉虽营养丰富, 但是浓重的鱼腥味却让很 多人不愿进食。但是我们 在炒菜中也有办法减轻鱼腥味：给鱼涂 点儿盐，肚子里外都涂一点儿；炒的时 候放点儿料酒；或者往锅里放一汤匙牛 奶，不仅可除腥味，而且鱼肉会变得酥 软白嫩，味道格外鲜美；烹调时加些生 姜、蒜、干红辣椒中的一种或者几种， 而且这些佐料要先放到锅里用油炒出香 味，然后再放鱼，可减淡鱼腥味。

②去除牛肉腥味：用 凉水泡到牛肉血水出净， 腥味大减，炒的时候多加 葱、姜、料酒；或是放些孜然，孜然的 香味对于驱除牛羊肉腥味很有效。胡萝 卜也可去除羊肉、牛肉中的腥味，所以 炒羊肉或牛肉时可加些胡萝卜丝。

③当锅内温度达到最高时加入料 酒，易使料酒蒸发而去除食物中的 腥味。

④除去羊肉腥 味：食用前将羊肉切 片或切块后用冷却的 红茶水浸泡1小时，可去腥味；羊肉切 片或切块后放入开水锅中，加适量米 醋，煮沸后捞出，即可除腥；羊肉、绿 豆按10：1的比例进行烧煮既可除腥， 又可使羊肉增色；油热后先用姜、蒜末 炝锅，再倒入羊肉煸至半熟，放入大 葱、酱油、醋、料酒等煸炒几下，起锅 时加入少许香油，这样炒熟后的羊肉味 道鲜香，膻味全无；将羊肉炒至半熟时 加入米醋焙干，然后加葱、姜、酱油、 白糖、料酒等调料，起锅时加青蒜或蒜 泥，便可除膻。

大厨的烹饪秘诀

谁都能拎起大勺炒几道家常菜，但并不是每个人都能炒出好吃的菜。下面让我们一起走进大厨的课堂，看看大厨们炒菜好吃的秘诀是什么，让你几分钟变大厨，炒出更美味的佳肴！

「 什么时候放盐？ 」

如果用动物油炒菜，最好在放菜前下盐，这样可减少动物油中有机氯的残余量，对人体有利。如果用花生油炒菜，也必须在放菜前下盐，这是因为花生油中可能会含有黄曲霉菌，而盐中的碘化物可以除去这种有害物质。如果用豆油或菜油，则应先放菜，后下盐，这样可以减少蔬菜中营养成分的流失。为了使炒出的菜更可口，开始可先少放些盐，菜熟后再调味。

「 炒菜时如何掌握油温？ 」

烹制菜肴时，掌握好油温十分重要。原料数量多，油温就要高些；原料较大，易碎散的，油温应低些。具体来说，容易滑散，且不易断碎的原料可以在油烧至四五成热时下锅，如牛肉片、肉丁、鸡球等；容易碎散又相对较大的原料，如鱼片，则应在油二三成热时下锅，且最好能用手抓，分散下锅；一些丝状、粒状的原料，一般都不易滑散，但有些特别容易碎断，可以热锅冷油下料，如鱼丝、鸡丝、芙蓉蛋液等。

「 如何掌握好勾芡时间？ 」

一般应在菜肴九成熟时进行勾芡，过早勾芡会使芡汁发焦，过迟勾芡易使菜受热时间过长，失去脆嫩的口感。

「 如何炒丝瓜不变色？ 」

炒丝瓜时滴入少许白醋，就可保持丝瓜的青绿色泽和清淡口味了。

「 土豆丝变脆的妙招是什么？ 」

先将土豆去皮，切成细丝，再放在冷水中浸泡1小时，捞出土豆丝，沥干水分，入锅爆炒，加适量调料，起锅装盘，这样炒出来的土豆丝清脆爽口。

火候的控制是门学问

炒是家常应用最广泛的烹调方法,一般人都能做,但要炒得鲜嫩适度、清淡爽口,并不容易。对于很多人来说,炒菜时控制火候是一件难事。下面我们就来说说如何掌控火候,炒出色、香、味、形俱佳的美味吧!

「揭秘火候」

烹调一般是用火来加热。由于烹制菜肴所使用的原料多种多样,质地有老、软、嫩、硬;形态有大、小、厚、薄;在制作要求上,有的需要香脆,有的需要鲜嫩,有的需要酥烂,因此在烹制过程中要按照具体情况,采用不同火力对原料进行加热处理。

简单地说,火候就是火力的变化情况,是菜肴烹调过程中所用火力的大小和时间的长短。掌握火候就是对原料进行加热时掌控火力的大小与时间的长短,以达到烹调的要求。烹调时一方面要通过火焰的强烈程度鉴别火力的大小,另一方面要根据原料性质来确定所需的火力大小。但也不是绝对的,有些菜根据烹调要求要使用两种或两种以上的火力。

火力可分为大火、中火、小火、微火四种。

【大火】大火是最强的火力,用于"抢火候"时的快速烹制,它可以减少菜肴在加热过程中营养成分的流失,并

能保持原料的鲜美脆嫩,适用于熘、炒、烹、炸、爆等烹饪方法。

【中火】中火也叫文火,有较大的热力,一般用于烧、煮、炸、熘等烹调手法。

【小火】小火也称慢火、文火等。此火的火焰一般较小,火力偏弱,适用于煎等烹饪手法。

【微火】微火的热力小,一般用于使菜肴酥烂入味的炖、焖等烹调手法。

「火候的运用」

肉类菜肴

肉类菜肴要求炒得鲜嫩可口，炒菜的火候和投料的顺序都有讲究。以炒肉丝为例，炒肉丝是一道很普通的家常菜，它用料简单，操作也不复杂，但要掌控好火候，炒出风味也不容易，所以一盘炒肉丝，也能衡量操作者对火候的掌控水平。炒肉丝的火候应采用大火，其特点是大火速成。这就要求烹调时放入的料要准确，动作迅速，出锅及时。炒肉丝从下锅到出锅只需二三十秒，动作稍一迟缓，肉质就会变老。

在肉类中牛肉最不好炒，因为牛肉的纤维较粗，如果火候掌控不好就容易把牛肉炒老。要想把牛肉炒好，首先要将牛肉切成片，用淀粉鸡蛋上浆，浆好后注入生油没过原料，静置20～30分钟，让油和蛋浆渗透到牛肉纤维中，然后用热勺热油旺火急速快炒。掌握了这个火候就可以炒出肉质细嫩的牛肉。

蔬菜类菜肴

烹炒这类菜肴的方法有很多种，但绝大多数是依靠少量的油来传热，以翻勺和手勺的搅动使原料均匀受热，火候以不超过烟点为好，三四分钟成菜，控制时间，火力要猛，大火可迅速地把青菜中的水分炒干，使青菜很快入味。如韭菜、菠菜、小白菜、芹菜、油菜、黄瓜等蔬菜的含水量在95%左右，由于其组织结构松散、质地脆嫩、色泽鲜艳，炒制的时间过长，会影响蔬菜本身的味道并破坏营养成分；像地瓜、萝卜、茄子、角瓜、云豆角、土豆等蔬菜的含水量在85%上下，这类原料质地相对紧密，在火候的掌握上应注意：丁丝适合短时间烹制，块段更适合焖、烧的烹调方法。

小炒制作的秘密

先洗菜后切菜

先切菜后洗菜这种情况常见于食堂的大师傅,他们为了省事儿,总是先切菜,然后再把菜放在一起冲洗一下。很多人对此不以为意,其实这样做会令大量的维生素白白流失,而且卫生也很令人担心。因此,自己动手做菜的时候,就不要怕麻烦,最好先洗好后再切。

这些蔬菜要用水焯

菠菜、竹笋、苋菜、空心菜等都含有较多草酸。草酸不仅影响口味,还能与食物中的钙结合成不溶解的草酸钙,使食物中的钙不能被人体吸收利用。另外,草酸盐还能阻碍人体对食物中的铁的吸收。因此,这类含草酸多的菜在烹调前最好用开水焯一下,以除去部分草酸。

用大火炒菜

炒菜时,加热时间越短,营养损失就越少,尤其是很多水溶性维生素,如维生素C、维生素B_1很怕久热,因此炒菜时应避免用小火焖,应该用旺火炒。再者,炒菜时加少许醋,也有利于维生素保存。

蔬菜要现炒现吃

烹调好的蔬菜最好尽快食用,不要反复加热或隔夜吃,因为蔬菜的营养会随着烹调的次数和时间的增加而流失,而且有些炒熟的蔬菜在隔夜后会生成致癌的亚硝酸盐,食用后可能会发生中毒。

清新素食，
美味又低卡

Chapter 2

蔬菜篇

黄豆酱炒麻叶 | 烹饪时间 2 分钟

材料 麻叶170克，蒜末少许

调料 盐少许，鸡粉2克，黄豆酱适量，食用油适量

做法

❶用油起锅，撒上备好的蒜末，爆香。

❷放入备好的黄豆酱，炒匀，炒香。

❸倒入洗净的麻叶，大火炒至变软。

❹改小火，加入盐、鸡粉，翻炒一会儿，至食材入味，盛在盘中即成。

材料 红薯叶200克
蒜末少许

调料 盐、鸡粉各2克
陈醋15毫升
芝麻油少许

凉拌红薯叶 | 烹饪时间 3分钟

做法

①将洗净的红薯叶切成段。

②锅中注入适量清水烧开,倒入红薯叶,焯至断生,捞出。

③将红薯叶倒入碗中,撒上蒜末,加入盐、鸡粉拌匀,淋入陈醋、芝麻油,拌匀。

④将拌好的红薯叶盛出,装入盘中即可。

材料 芥蓝130克

鲜香菇55克

腰果50克

红椒25克

姜片、蒜末、
葱段各少许

调料 盐3克

鸡粉少许

白糖2克

料酒4毫升

水淀粉适量

食用油适量

芥蓝腰果炒香菇 | 烹饪时间 2分钟

做法

❶ 香菇洗净切粗丝，红椒洗净切圈，芥蓝洗净切段。沸水锅中放食用油、
1克盐，放芥蓝煮约半分钟，倒入香菇煮半分钟，捞出待用。

❷ 热锅注油，烧至三成热，放入腰果，搅拌几下，炸约1分钟，捞出待用。

❸ 用油起锅，放姜片、蒜末、葱段大火爆香，倒入焯煮过的食材，淋入料酒，
炒香炒透。

❹ 加入2克盐、鸡粉、白糖、红椒圈，炒熟，水淀粉勾芡，倒入腰果炒匀即可。

蟹味菇炒小白菜

烹饪时间
5分钟

材料 小白菜500克,蟹味菇250克,姜片、蒜末、葱段各少许

调料 生抽5毫升,盐、鸡粉、水淀粉、白胡椒粉各5克,蚝油、食用油各适量

做法

❶洗净的小白菜切去根部,再对半切开。

❷沸水锅中加1克盐、食用油,拌匀,倒入小白菜,焯至断生,捞出装盘。

❸将蟹味菇倒入锅中,焯片刻,关火后捞出,沥干水分,装盘。

❹用油起锅,倒入姜片、蒜末、葱段,爆香,放入蟹味菇,翻炒均匀。

❺加入蚝油、生抽,注入清水,加入4克盐、鸡粉、白胡椒粉,炒匀。

❻倒入水淀粉,炒匀,关火,盛出菜肴,装入摆有小白菜的盘子中即成。

马蹄玉米炒核桃仁

烹饪时间
2分钟

材料 马蹄肉200克，玉米粒90克，核桃仁50克，彩椒35克，葱段少许

调料 白糖4克，盐、鸡粉各2克，水淀粉、食用油各适量

做法

❶ 洗净的马蹄肉切成小块，洗好的彩椒切成小块。

❷ 锅中注水烧开，倒入玉米粒、马蹄肉，加入少许食用油，倒入彩椒、1克白糖，拌匀，捞出。

❸ 用油起锅，倒入葱段，爆香，放入焯好的食材，炒匀，放入核桃仁，炒匀炒香。

❹ 加入盐、3克白糖、鸡粉、水淀粉，翻炒均匀，至食材入味即可。

泡椒杏鲍菇炒秋葵

烹饪时间
2分钟

材料 秋葵75克，口蘑55克，红椒15克，杏鲍菇35克，泡椒30克，姜片少许

调料 盐3克，鸡粉2克，水淀粉、食用油各适量

做法

❶ 洗净的秋葵斜刀切块；洗净的红椒斜刀切段，去籽；洗净的口蘑对半切开；洗净的杏鲍菇切条形，改切成小块。

❷ 锅中注水烧开，放入口蘑，略煮一会儿，倒入杏鲍菇、秋葵，加入少许食用油、1克盐，拌匀，放入红椒，煮至食材断生后捞出待用。

❸ 用油起锅，放入备好的姜片，爆香，倒入备好的泡椒，炒出香辣味。

❹ 放入焯过水的食材，炒匀炒透，加入2克盐、鸡粉、水淀粉，中火翻炒至食材入味，盛出即可。

干煸藕条 烹饪时间 2分钟

材料 莲藕230克，玉米淀粉60克，葱丝、红椒丝、干辣椒、花椒各适量，熟白芝麻、姜片、蒜头各少许

调料 盐2克，鸡粉少许，食用油适量

做法

1. 莲藕切条，将玉米淀粉滚在藕条上。
2. 热锅注油，烧至四成热，放藕条，炸至金黄色，捞出，沥干油。
3. 用油起锅，爆香干辣椒、花椒、姜片、蒜头，倒藕条，加盐、鸡粉炒匀，撒上熟白芝麻、葱丝、红椒丝即可。

芦笋炒莲藕 烹饪时间 1分钟

材料 芦笋段100克，莲藕丁160克，胡萝卜丁45克，蒜末、葱段各少许

调料 盐3克，鸡粉2克，水淀粉3毫升，食用油适量

做法

1. 锅中注水烧开，加1克盐、莲藕丁、胡萝卜丁，煮至八成熟，捞出。
2. 油爆蒜末、葱段，放入芦笋，倒入藕丁和胡萝卜丁，翻炒均匀，加入2克盐、鸡粉。
3. 倒入水淀粉翻炒均匀，装入盘中即可。

材料 青茄子120克

西红柿95克

青椒20克

花椒、蒜末各
少许

调料 盐2克

白糖、鸡粉各
3克

水淀粉、食用
油各适量

西红柿青椒炒茄子 | 烹饪时间 2分钟

做法

❶洗净的青茄子切滚刀块,洗净的西红柿、青椒切小块。

❷热锅注油,倒入青茄子,炸一会儿,再放入青椒块,炸出香味,捞出食材,沥干油。

❸用油起锅,倒入花椒、蒜末,爆香,倒入炸过的食材,放入西红柿,炒出水分。

❹加盐、白糖、鸡粉、水淀粉,快炒至食材入味即可。

鱼香茄子烧四季豆

烹饪时间
8分钟

材料 茄子160克

四季豆120克

肉末65克

青椒20克

红椒15克

姜末、蒜末、
葱花各少许

调料 鸡粉2克

生抽3毫升

料酒3毫升

陈醋7毫升

水淀粉、豆瓣
酱、食用油各
适量

做法

❶将洗净的青椒、红椒去籽,切成条;洗净的茄子切成条;洗好的四季豆切成长段。

❷热锅注油,烧至六成热,倒入四季豆,炸约1分钟,捞出。

❸倒入茄子,拌匀,炸至变软,捞出茄子,沥干油,待用。

❹另起锅,注清水烧开,倒入茄子,拌匀,捞出茄子,沥干水分。

❺用油起锅,倒入肉末,放入姜末、蒜末,炒香。

❻加入豆瓣酱,炒匀,倒入青椒、红椒,炒匀,注入适量清水。

❼加入鸡粉、生抽、料酒,炒匀,倒入茄子、四季豆,炒匀,焖5分钟至熟。

❽用大火收汁,加入陈醋、水淀粉,炒至入味,盛出,撒上葱花即可。

Tips

茄子含有蛋白质、维生素E、维生素P、龙葵碱、胆碱、钙、磷、铁等营养成分,具有清热止血、消肿止痛、保护心血管、预防胃癌等功效。

手撕茄子 |烹饪时间 32分钟

材料 茄子段120克，蒜末少许

调料 盐、鸡粉各2克，白糖少许，生抽3毫升，陈醋8毫升，芝麻油适量

做法

❶蒸锅上火烧开，放入洗净的茄子段，盖上盖，用中火蒸约30分钟，至食材熟透。

❷揭盖，取出蒸好的茄子段，放凉后撕成细条状，装在碗中。

❸加入盐、白糖、鸡粉，淋上生抽、陈醋、芝麻油，撒上备好的蒜末，搅拌至食材入味即可。

豆瓣茄子
烹饪时间
3分钟

材料 茄子300克，红椒40克，姜末、葱花各少许

调料 盐、鸡粉各2克，生抽、水淀粉各5毫升，豆瓣酱15克，食用油适量

做法

❶洗净去皮的茄子切条；洗好的红椒去籽，切成粒。

❷热锅中注入食用油，烧热后放入茄子，炸至金黄色，捞出，沥干油。

❸锅底留油，放入姜末、红椒，炒香，倒入豆瓣酱，放入茄子，加入清水，炒匀。

❹放入盐、鸡粉、生抽，炒匀，加入水淀粉勾芡，盛出，撒上葱花即可。

材料　青茄子350克

青椒45克

蒜末、干辣椒、葱
段、葱花各少许

调料　生抽5毫升

豆瓣酱15克

盐2克

鸡粉2克

辣椒油4毫升

食用油适量

干煸茄丝

烹饪时间
3分钟

做法

❶洗净的青椒切成段；洗好的青茄子切块，再切厚片，改切成条，备用。

❷热锅注油并烧热，倒入茄条，搅散，炸至微黄色，捞出茄子，沥干油。

❸锅底留油，倒入干辣椒、蒜末、葱段，爆香，倒入青椒段、茄条、生抽，
快炒。

❹加入豆瓣酱、盐、鸡粉、辣椒油，翻炒均匀，装入盘中，撒上葱花即可。

腰果西蓝花

烹饪时间
5分钟

材料 腰果50克,西蓝花120克

调料 盐3克,食用油10毫升

做法

❶锅中注入适量清水并烧开,倒入洗净的西蓝花,焯约2分钟至断生。

❷关火,将焯好的西蓝花捞出,沥干水分,装入盘中待用。

❸锅中注入冷油,放入腰果,小火煸炒至腰果微黄,捞出,装入盘中备用。

❹锅底留油,倒入西蓝花,炒匀,放入腰果,炒匀。

❺加入盐,翻炒约1分钟使其入味。

❻关火,将炒好的西蓝花盛入盘中即可。

松仁丝瓜 | 烹饪时间 5分钟

材料 松仁20克，丝瓜块90克，胡萝卜片30克，姜末、蒜末各少许

调料 盐3克，鸡粉2克，水淀粉10毫升，食用油5毫升

做法

 ❶沸水锅中加入少许食用油，倒入胡萝卜片、丝瓜块，焯至断生后捞出。

 ❷用油起锅，倒入松仁，滑油翻炒片刻，捞出，沥干油，装入盘中。

 ❸锅底留油，爆香姜末、蒜末，倒入胡萝卜片、丝瓜块，加入盐、鸡粉，炒匀。

 ❹倒入水淀粉，炒匀，关火，将炒好的食材盛出，撒上松仁即可。

西红柿炒山药 |烹饪时间 4分钟

材料 去皮山药200克，西红柿150克，大葱10克，大蒜5克

调料 盐、白糖各2克，鸡粉3克，水淀粉、食用油各适量

做法

❶山药切成块，西红柿切小瓣，大蒜切片，大葱切段。

❷沸水锅中加1克盐、食用油，倒入山药，焯片刻至断生，捞出，装盘。

❸用油起锅，倒入大蒜、大葱、西红柿、山药，加入1克盐、白糖、鸡粉，炒匀。

❹倒入水淀粉勾芡，炒约2分钟至熟透，关火，将炒好的菜肴盛出即可。

材料 西芹150克
　　 鲜百合100克
　　 白果100克
　　 彩椒10克

调料 鸡粉2克
　　 盐2克
　　 水淀粉3毫升
　　 食用油适量

西芹百合炒白果

烹饪时间
2分钟

做法

❶ 洗净的彩椒切大块，洗净的西芹切成小块。

❷ 锅中注水烧开，倒入白果、彩椒、西芹、百合，略煮一会儿，将焯好的食材捞出，沥干。

❸ 热锅注油，倒入焯好的食材，加入盐、鸡粉，淋入水淀粉，翻炒均匀。

❹ 关火，装入盘中即可。

材料 黄瓜、胡萝卜、
玉米粒各100克
腰果30克
姜末、蒜末、葱
段各少许

调料 盐3克
鸡粉2克
料酒5毫升
水淀粉少许
食用油适量

腰果炒玉米粒 烹饪时间 2分钟

做法

①洗净的黄瓜切丁,洗净的胡萝卜切丁。

②热锅注油,放入腰果,炸至微黄色,捞出备用;沸水锅中放入1克盐,倒入胡萝卜、黄瓜、玉米粒,煮至其断生,捞出。

③用油起锅,放姜末、蒜末、葱段,爆香,倒入食材,炒匀,加入2克盐、鸡粉、料酒,炒匀。

④用水淀粉勾芡,关火后装入盘中,撒上炸好的腰果即可。

彩椒山药炒玉米

烹饪时间
3分钟

材料 鲜玉米粒60克，彩椒25克，圆椒20克，山药120克

调料 盐2克，白糖2克，鸡粉2克，水淀粉10毫升，食用油适量

做法

①洗净的彩椒、圆椒均切成块，洗净去皮的山药切丁。

②沸水锅中倒入玉米粒、山药、彩椒、圆椒，加油、1克盐，煮至断生后捞出。

③用油起锅，倒入焯好的食材，炒匀，加1克盐、白糖、鸡粉，炒匀调味。

④用水淀粉勾芡，关火后盛出菜肴。

材料　去皮山药250克

调料　白糖、桂花酱各
　　　50克

桂花山药 |烹饪时间
5分钟

做法

❶去皮山药切成片。

❷锅中注水烧开，倒入山药搅拌均匀，煮至熟透，捞入盘中，摆盘。

❸锅烧热，倒入少许清水，淋入桂花酱，加入白糖，搅拌至白糖溶化。

❹当糖浆变成金黄色后，盛出糖浆，浇在山药上即可。

酸辣土豆丝

烹饪时间
4分钟

材料 土豆250克，干辣椒、葱花各适量

调料 盐3克，鸡粉、白糖各2克，白醋6毫升，植物油10毫升，芝麻油少许

做法

❶去皮洗净的土豆切片，改切成丝。

❷用植物油起锅，放入干辣椒，爆香。

❸放入切好的土豆丝，翻炒至断生。

❹加入盐、白糖、鸡粉，炒匀。

❺淋入白醋，炒约1分钟至入味，倒入芝麻油，炒匀。

❻关火后盛出炒好的菜肴，装在盘中，撒上葱花即可。

材料 荷兰豆80克

水发珍珠木耳
100克

枸杞20克

去皮山药130克

调料 盐、鸡粉各2克

白糖3克

水淀粉、食用油
各适量

翠玉烩珍珠 | 烹饪时间 5分钟

做法

❶洗净的山药切厚片，改切成条。

❷锅中注水烧开，倒入山药条、荷兰豆、珍珠木耳，焯片刻，关火后盛出待用。

❸用油起锅，放入山药条、荷兰豆、珍珠木耳、枸杞，炒匀。

❹加入盐、鸡粉、白糖、水淀粉，炒熟，关火后盛出，装盘即可。

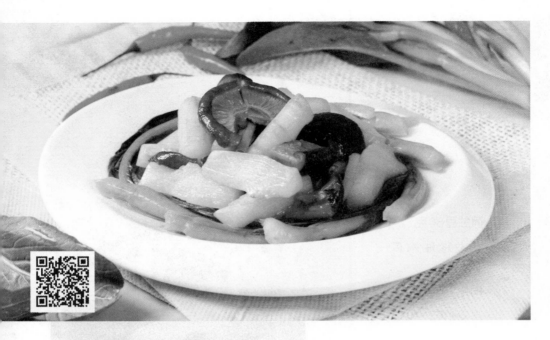

笋菇菜心 | 烹饪时间 4分钟

材料 去皮冬笋180克，菜心100克，水发香菇150克，姜片、蒜片、葱段各少许

调料 盐2克，鸡粉1克，蚝油5克，生抽、水淀粉各5毫升，芝麻油、食用油各适量

做法

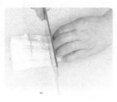

❶冬笋切段，香菇切块。沸水锅中加1克盐、食用油，加入菜心,焯熟后捞出装盘。

❷往锅中倒入香菇，焯熟后捞出；续往锅中倒入冬笋，焯熟后捞出。

❸另起锅注油，爆香姜片、蒜片，放入香菇、冬笋、生抽、蚝油,炒匀，注入清水。

❹加入1克盐、鸡粉、葱段、水淀粉、芝麻油，炒匀，将菜肴盛入装有菜心的盘中即可。

榨菜炒白萝卜丝

烹饪时间
3分钟

材料 榨菜头120克,白萝卜200克,红　**调料** 盐、鸡粉各2克,豆瓣酱10
椒40克,姜片、蒜末、葱段各少许　　　　克,水淀粉、食用油各适量

做法

❶洗净去皮的白萝卜切丝;榨菜头切成丝;红椒洗净去籽,切成丝。

❸用油起锅,放入姜片、蒜末、葱段,加入红椒丝,爆香。

❺倒入水淀粉,翻炒均匀,关火后将菜肴装盘即可。

❷沸水锅中加油、1克盐,加榨菜丝、白萝卜丝,焯片刻后捞出。

❹倒入榨菜丝、白萝卜丝,翻炒均匀,加入鸡粉、1克盐、豆瓣酱,炒匀调味。

胡萝卜凉薯片 烹饪时间
4分钟

材料 去皮凉薯200克，去皮胡萝卜100克，青椒25克

调料 盐、鸡粉各1克，蚝油5克，食用油适量

做法

 ❶洗净的凉薯切成片；洗好的胡萝卜切薄片；洗净的青椒去柄去籽，切成块。

 ❷热锅注油，倒入切好的胡萝卜片，炒匀，放入切好的凉薯片，炒至食材熟透。

 ❸倒入切好的青椒块，加入盐、鸡粉，炒匀，注入清水，炒匀。

 ❹放入蚝油，翻炒约1分钟至入味，关火后盛出即可。

小白菜炒茭白

烹饪时间
8分钟

材料　小白菜120克，茭白85克，彩椒少许

调料　盐3克，鸡粉2克，料酒4毫升，水淀粉、食用油各适量

做法

❶洗净的小白菜放入盘中，撒上1克盐，拌匀，腌渍至其变软，切长段。

❷洗净的茭白切粗丝，洗好的彩椒切粗丝。

❸用油起锅，倒入茭白丝，炒出水分，放入彩椒丝、2克盐、料酒，炒匀，倒入小白菜。

❹用大火翻炒均匀，加入鸡粉炒匀，再用水淀粉勾芡，关火后盛出炒好的菜肴即可。

莲藕炒秋葵 烹饪时间
2分钟

材料 去皮莲藕250克，去皮胡萝卜150 克，秋葵50克，红彩椒10克

调料 盐2克，鸡粉1克，食用油5毫升

做法

①洗净的胡萝卜、莲藕、红彩椒、秋葵均切成片。

②锅中注水并烧开，加油、1克盐，拌匀，倒入胡萝卜、莲藕，拌匀。

③放入切好的红彩椒、秋葵，拌匀，焯至食材断生，捞出焯好的食材，沥干水分。

④用油起锅，倒入焯好的食材，加入1克盐、鸡粉，炒匀，关火后盛出炒好的菜肴即可。

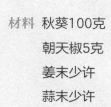

材料 秋葵100克
朝天椒5克
姜末少许
蒜末少许

调料 盐2克
鸡粉1克
香醋4毫升
芝麻油3毫升
食用油少许

凉拌秋葵 | 烹饪时间 5分钟

做法

① 洗好的秋葵切成小段,洗净的朝天椒切小圈。

② 锅中注水,加入1克盐、食用油烧开,倒入秋葵拌匀,焯至断生,捞出焯好的秋葵,装碗待用。

③ 在装有秋葵的碗中加入切好的朝天椒、姜末、蒜末。

④ 加入1克盐、鸡粉、香醋,再淋入芝麻油,充分拌匀至秋葵入味,将拌好的秋葵装入盘中即可。

雪梨豌豆炒百合

烹饪时间
2分钟

材料 豌豆170克，鲜百合120克，南瓜70克，雪梨60克，彩椒少许

调料 盐、鸡粉各2克，白糖3克，水淀粉、食用油各适量

做法

❶将洗净的雪梨去皮去核后，切成丁；将洗好去皮的南瓜去瓤，切成丁；洗净的彩椒切成小块，待用。

❷锅中注水烧开，倒入豌豆、百合、雪梨、彩椒，煮至食材断生后捞出。

❸用油起锅，放入南瓜丁，炒匀，倒入焯过水的材料，用大火快炒至断生。

❹加入盐、白糖、鸡粉、水淀粉，炒匀，至食材入味即成。

材料 茭白120克

水发木耳45克

彩椒50克

荷兰豆80克

蒜末、姜片、

葱段各少许

调料 盐3克

鸡粉2克

蚝油5克

水淀粉5毫升

食用油适量

茭白炒荷兰豆 烹饪时间 1分钟

做法

① 洗净的荷兰豆切段，洗净的茭白切片，洗净的彩椒、木耳切块。

② 锅中注水烧开，放入1克盐、食用油、茭白、木耳、彩椒、荷兰豆，煮至断生，捞出。

③ 油爆蒜末、姜片、葱段，倒入焯好的食材炒匀，放入2克盐、鸡粉、蚝油，炒匀调味。

④ 淋入水淀粉，快速翻炒匀即可。

西芹百合炒红腰豆

烹饪时间
2分钟

材料 西芹120克

水发红腰豆
150克

鲜百合45克

彩椒10克

调料 盐3克

鸡粉少许

白糖4克

水淀粉、食用
油各适量

做法

❶洗净的西芹切条形,再切块;洗好的彩椒切条形,再切成丁。

❷热锅注水烧开,放入洗净的红腰豆,拌匀。

❸加入2克白糖、1克盐,拌匀,淋入少许食用油。

❹倒入切好的西芹,拌匀,放入彩椒块、洗净的鲜百合,拌匀。

❺煮至食材断生,捞出,沥干。

❻用油起锅,倒入焯过水的食材,炒匀炒香。

❼加2克盐、2克白糖、鸡粉,倒入水淀粉。

❽用中火快速炒至熟软入味即成。

Tips
洗百合时最好用温水,这样更容易去除污渍。

开心果西红柿炒黄瓜

烹饪时间
2分钟

材料 开心果仁55克，黄瓜90克，西红柿70克

调料 盐2克，橄榄油适量

做法

① 将洗净的黄瓜切开，去除瓜瓤，再斜刀切段；将洗好的西红柿切开，再切小瓣。

② 煎锅置火上，淋入少许橄榄油，大火烧热。

③ 倒入黄瓜段，炒匀炒透，放入切好的西红柿，翻炒一会儿，至其变软，加入盐，炒匀调味，再撒上备好的开心果仁。

④ 用中火翻炒一会儿，至食材入味，关火后盛出炒好的菜肴，装在盘中即可。

材料 佛手瓜500克
彩椒15克
豆豉少许

调料 盐2克
鸡粉、白糖各
1克
水淀粉5毫升
食用油适量

豉香佛手瓜 | 烹饪时间 2分钟

做法

❶洗净的佛手瓜切成块,洗净的彩椒切块。

❷沸水锅中倒入佛手瓜,加1克盐、食用油,放入彩椒,煮至断生,捞出装盘。

❸用油起锅,倒入豆豉,爆香,放入佛手瓜、彩椒,加1克盐、鸡粉、白糖、水淀粉。

❹炒至食材熟透,装入盘中即可。

菌豆篇

炒素三丝

烹饪时间
2分钟

材料 绿豆芽100克，金针菇80克，青椒、红椒各20克，豆腐皮120克，姜丝、蒜末、葱段各少许

调料 盐、鸡粉各2克，料酒5毫升，食用油适量

做法

❶洗好的绿豆芽切去头尾，洗净的金针菇切去根部。

❷洗好的青椒、红椒切成丝，洗净的豆腐皮切成丝，备用。

❸用油起锅，放入葱段、姜丝、蒜末，爆香，炒匀。

❹倒入金针菇、青椒丝、红椒丝，放入豆腐皮、绿豆芽，炒匀。

❺加入盐、鸡粉，炒匀调味，淋入料酒，炒至食材完全熟软。

❻关火后盛出炒好的菜肴，装入盘中即可。

青菜炒元蘑

烹饪时间
5分钟

材料 上海青85克,口蘑90克,水发元蘑105克,蒜末少许

调料 蚝油5克,生抽5毫升,盐、鸡粉各2克,水淀粉、食用油各适量

做法

❶洗净的元蘑用手撕开,洗净的口蘑切厚片,上海青切段。

❷沸水锅中倒口蘑、元蘑,焯至断生,盛出沥干水分。

❸用油起锅,放入蒜末,爆香,倒入口蘑、元蘑、蚝油、生抽,炒匀。

❹放入上海青,加入盐、鸡粉,翻炒约2分钟至食材熟软。

❺倒入水淀粉,翻炒片刻,关火后盛出,装盘即可。

草菇扒芥菜

烹饪时间
7分钟

材料 芥菜300克，草菇200克，胡萝卜片30克，蒜片少许

调料 盐2克，鸡粉1克，生抽5毫升，水淀粉、芝麻油、食用油各适量

做法

❶ 草菇切十字花刀，再切开；芥菜切去菜叶，将菜梗部分切成块。

❷ 沸水锅中倒入草菇，煮熟捞出；再往锅中放入芥菜、1克盐、食用油，煮熟捞出。

❸ 另起锅注食用油，爆香蒜片，放入胡萝卜片、生抽，注入清水，倒入草菇。

❹ 加入1克盐、鸡粉、水淀粉、芝麻油，炒匀，盛出菜肴，放在芥菜上即可。

蒜苗炒口蘑

烹饪时间
4分钟

材料 口蘑250克，蒜苗2根，朝天椒圈15克，姜片少许

调料 盐、鸡粉各1克，蚝油5克，生抽5毫升，水淀粉、食用油各适量

做法

 ❶洗净的口蘑切厚片，洗好的蒜苗用斜刀切成段。

 ❷锅中注水并烧开，倒入口蘑，汆至断生，捞出，沥干水分，装盘待用。

 ❸另起锅注油，爆香姜片、朝天椒圈，倒入口蘑、生抽、蚝油，注入清水，炒匀。

 ❹加入盐、鸡粉、蒜苗，炒至断生，用水淀粉勾芡，关火后盛出即可。

双菇争艳 | 烹饪时间 3分钟

材料 杏鲍菇180克，鲜香菇100克，胡萝卜80克，黄瓜70克，蒜末、姜片各少许

调料 盐2克，水淀粉5毫升，食用油少许

做法

❶洗好的黄瓜、胡萝卜、杏鲍菇均切薄片；洗好的香菇去蒂，切片。

❷沸水锅中倒入杏鲍菇、胡萝卜、香菇，焯至断生，捞出，装盘待用。

❸用油起锅，爆香姜片、蒜末，倒入焯好的食材，加入黄瓜，炒至熟软。

❹加入盐，炒匀，用水淀粉勾芡，至食材入味，关火后盛出菜肴即可。

材料 去皮芦笋75克
     水发珍珠木耳
     110克
     彩椒50克
     干辣椒10克
     姜片、蒜末各
     少许

调料 盐、鸡粉各2克
     料酒5毫升
     水淀粉、食用
     油各适量

木耳彩椒炒芦笋 | 烹饪时间 5分钟

做法

① 洗净的芦笋切段，洗好的彩椒切粗条。

② 锅中注水烧开，倒入洗净的珍珠木耳、芦笋段、彩椒条，焯煮片刻，盛出
沥干。

③ 用油起锅，放入姜片、蒜末、干辣椒，爆香，倒入焯好的食材、料酒，炒匀。

④ 注入清水，加入盐、鸡粉、水淀粉，炒熟即可。

材料 脆皮豆腐80克

青椒10克

红椒10克

蒜末、葱段、
姜片各少许

调料 盐2克

鸡粉2克

生抽4毫升

食用油适量

辣椒炒脆皮豆腐 烹饪时间 2分钟

做法

① 将脆皮豆腐切块，洗净的青椒、红椒去籽切块。

② 油爆蒜末、姜片、葱段，倒入豆腐、青椒、红椒，翻炒，注入清水，炒匀。

③ 加盐、鸡粉、生抽，炒匀调味即可。

材料　豆腐干100克

　　　扁豆120克

　　　红椒20克

　　　姜片、蒜末、
　　　葱白各少许

调料　盐3克

　　　鸡粉2克

　　　水淀粉、食用
　　　油各适量

扁豆丝炒豆腐干 | 烹饪时间 2分钟

做法

❶洗净的豆腐干、扁豆切丝；洗净的红椒去籽，切丝。

❷扁豆放入沸水锅中焯至断生后捞出；热锅注油烧四成热，放入豆腐
　干，炸半分钟，捞出待用。

❸热油爆香姜片、蒜末、葱白，倒入扁豆、豆腐干，加入盐、鸡粉，炒
　匀调味。

❹倒入红椒丝、水淀粉，炒匀勾芡即成。

核桃仁芹菜炒香干

烹饪时间
2分钟

材料 香干120克，胡萝卜70克，核桃仁35克，芹菜段60克

调料 盐、鸡粉各2克，水淀粉、食用油各适量

做法

❶洗净的香干切细条形，洗净的胡萝卜切粗丝。

❷热锅注油烧热，倒入核桃仁，炸出香味，捞出核桃仁。

❸用油起锅，倒入芹菜段、胡萝卜丝、香干，炒匀，加入盐、鸡粉。

❹用大火炒匀调味，倒入水淀粉，用中火翻炒。

❺倒入核桃仁，炒匀，关火后盛出，装盘即可。

青椒炒油豆腐 | 烹饪时间 3分钟

材料 油豆腐100克,青椒、红椒各20克,姜片、葱段、干辣椒各少许

调料 盐、鸡粉各2克,生抽2毫升,蚝油3克,料酒5毫升,水淀粉、食用油各适量

做法

❶将油豆腐切成小块,洗净的青椒、红椒切小块,备用。

❷用油起锅,爆香姜片,倒入青椒、红椒,炒匀,加入干辣椒,炒匀。

❸倒入油豆腐、水,炒匀,加入盐、鸡粉,淋入料酒、蚝油、生抽,炒匀。

❹放入葱段,炒匀,用水淀粉勾芡,关火后盛出,装入盘中即可。

浓香畜肉，
解馋又下饭

Chapter 3

芦笋鲜蘑菇炒肉丝 烹饪时间 4分钟

材料 芦笋75克，口蘑60克，猪肉 110克，蒜末少许

调料 盐3克，鸡粉2克，料酒5毫升， 水淀粉、食用油各适量

做法

❶口蘑、芦笋均切成条形；猪肉切成细丝，装碗，加入1克盐和1克鸡粉，倒入水淀粉、油，拌匀。

❷沸水锅中加1克盐、油、口蘑、芦笋，焯熟后捞出。

❸热油锅中倒入肉丝，滑油后捞出；锅底留油烧热，倒入蒜末、焯过水的食材，翻炒均匀。

❹放入猪肉丝、料酒、1克盐、1克鸡粉、水淀粉，翻炒均匀，关火后盛出炒好的菜肴即可。

西芹黄花菜炒肉丝 | 烹饪时间 12分钟

材料 西芹80克,水发黄花菜80克,彩椒60克,瘦肉200克,蒜末、葱段各少许

调料 盐、鸡粉各3克,生抽、水淀粉各5毫升,食用油适量

做法

①洗净的黄花菜切去蒂;洗净的彩椒去籽切丝;洗净的西芹切丝;瘦肉切丝,加1克盐、1克鸡粉、水淀粉、食用油,拌匀,腌渍10分钟。

②黄花菜放入沸水锅中焯半分钟,沥干水分待用。

③锅中注油烧热,放入蒜末,爆香,倒入肉丝,翻炒至肉丝变色,放入西芹、黄花菜、彩椒,翻炒均匀。

④加入2克盐、2克鸡粉,炒匀调味,淋入生抽,翻炒片刻,放入葱段,炒至断生,关火后装盘即可。

彩椒韭菜花炒肉丝

烹饪时间
13分钟

材料 韭菜花100克，猪里脊肉140克，彩椒35克，姜片、葱段、蒜末各少许

调料 盐、鸡粉各少许，生抽3毫升，料酒5毫升，水淀粉、食用油各适量

做法

1. 洗净的韭菜花切长段，洗好的彩椒切粗丝。
2. 里脊肉切细丝，放入碗中，加入少许盐、2毫升料酒、鸡粉、水淀粉拌匀，倒入少许食用油，腌渍约10分钟。
3. 用油起锅，倒入肉丝，炒匀、炒散，撒入姜片、葱段、蒜末、3毫升料酒，炒匀，倒入韭菜花、彩椒丝，大火翻炒至食材熟软。
4. 转小火，加入少许盐、鸡粉、生抽，倒入少许水淀粉，翻炒均匀，关火后装入盘中即可。

包菜炒肉丝 |烹饪时间 12分钟

材料 猪瘦肉200克,包菜200克,红椒15克,蒜末、葱段各少许

调料 盐3克,白醋2毫升,白糖4克,料酒、鸡粉、水淀粉、食用油各适量

做法

❶将洗净的包菜切成丝;洗好的红椒切成段,切开,去籽,再切成丝。

❷洗净的猪瘦肉切成丝,放入碗中,加入1克盐、鸡粉、水淀粉,抓匀,注入适量食用油,腌渍10分钟。

❸锅中加入适量清水烧开,放入适量食用油,倒入包菜,拌匀,煮半分钟至其断生,捞出备用。

❹用油起锅,放蒜末爆香,倒入肉丝,淋入料酒,炒至转色,倒入包菜、红椒,加入白醋、2克盐、白糖、葱段,倒入水淀粉,拌炒均匀,装盘即可。

鱼香肉丝

烹饪时间
10分钟

材料　白灵菇210克，瘦肉200克，去皮胡萝卜110克，水发木耳90克，姜末、蒜末、葱段各少许

调料　盐、白糖、鸡粉各2克，料酒、生抽、陈醋各5毫升，白胡椒粉、水淀粉、食用油各适量，豆瓣酱30克

做法

❶洗净的胡萝卜、木耳、瘦肉均切成丝，洗好的白灵菇切成粗条。

❷取一碗，放入瘦肉丝，加入1克盐、2毫升料酒、食用油，加白胡椒粉、水淀粉拌匀，腌渍片刻。

❸热油锅中倒入白灵菇条，炸至其呈金黄色，捞出；用油起锅，倒入瘦肉丝炒匀。

❹加入蒜末、姜末，爆香，放入豆瓣酱、胡萝卜丝、木耳丝、白灵菇条，炒至熟。

❺加入3毫升料酒、生抽、2克盐、白糖、鸡粉、陈醋、葱段、清水，炒匀，盛入盘中即可。

Tips
木耳要洗净，去除表面的杂质和沙粒。

酱炒肉丝 | 烹饪时间 10分钟

材料 猪里脊肉230克，黄瓜120克，蛋清20克，葱丝、姜丝各少许

调料 鸡粉、盐各3克，甜面酱30克，生抽8毫升，料酒6毫升，水淀粉4毫升，食用油、生粉各适量

做法

❶洗净的黄瓜切成细丝；洗净的猪里脊肉切成丝，装碗。

❷肉丝加4毫升生抽、3毫升料酒、蛋清、生粉腌渍。盘中放葱丝，铺上黄瓜丝。

❸热锅注油烧热，倒入肉丝，滑油至变色，捞出；用油起锅，倒入姜丝，爆香。

❹加甜面酱、鸡粉、盐、4毫升生抽、3毫升料酒、水淀粉、肉丝，炒匀，盛出，放在黄瓜丝上即可。

尖椒肉丝葫芦瓜

烹饪时间
13分钟

材料　朝天椒15克，猪瘦肉180克，葫芦瓜400克

调料　盐2克，鸡粉1克，料酒、水淀粉各5毫升，食用油适量

做法

❶葫芦瓜洗净去籽，切片；猪肉切丝，装碗；朝天椒洗净去蒂，切开。

❷肉丝中加入1克盐、2毫升料酒、2毫升水淀粉、食用油，拌匀，腌渍至其入味。

❸用油起锅，倒入肉丝，炒至转色，倒入朝天椒、3毫升料酒、葫芦瓜，炒匀至熟透。

❹加入1克盐、鸡粉、3毫升水淀粉，拌炒均匀，关火后盛出菜肴即可。

山楂炒肉丁

烹饪时间
7分钟

材料 猪瘦肉150克，山楂30克，茯苓15克，彩椒40克，姜片、葱段各少许

调料 盐、鸡粉各4克，料酒4毫升，水淀粉8毫升，食用油适量

做法

❶洗净的彩椒切成小块；洗好的山楂去核，切成小块；洗净的猪瘦肉切丁。

❷将瘦肉丁装入碗中，放2克盐、1克鸡粉、2毫升水淀粉、食用油，拌匀，腌渍。

❸沸水锅中加入1克鸡粉、茯苓、彩椒、山楂，煮至断生，捞出食材。

❹热锅中注油，倒入姜片、葱段，爆香，放入肉丁，淋入料酒，炒匀。

❺倒入山楂、茯苓、彩椒，加入2克鸡粉、2克盐，炒匀调味。

❻淋入6毫升水淀粉勾芡，关火后盛出炒好的菜肴，装入盘中即可。

核桃枸杞肉丁

烹饪时间
12分钟

材料 核桃仁40克，瘦肉120克，枸杞5克，姜片、蒜末、葱段各少许

调料 盐、鸡粉、食粉各2克，料酒4毫升，水淀粉、食用油各适量

做法

❶瘦肉切丁，装碗，放1克盐、1克鸡粉、水淀粉、食用油，腌渍至入味。

❷沸水锅中加食粉、核桃仁，焯片刻后捞出，放入凉水中，去除核桃仁外衣。

❸热油锅中倒入核桃仁，炸香后捞出。锅留底油，放入姜片、蒜末、葱段，爆香。

❹倒入瘦肉丁、料酒、枸杞，加入1克盐、1克鸡粉、核桃仁，炒匀，盛出装盘即可。

酱爆双丁

烹饪时间
6分钟

材料 瘦肉250克，黄瓜60克，姜片、蒜末、葱段各少许

调料 盐2克，黄豆酱20克，白糖3克，料酒5毫升，胡椒粉、水淀粉、食用油各适量

做法

❶洗净的黄瓜去除瓜瓤，切成丁；洗好的瘦肉切成丁，装碗。

❷肉碗中加料酒、胡椒粉、1克盐、水淀粉、食用油，拌匀，腌渍片刻。

❸热油锅中倒入瘦肉，炒至转色，盛入盘中。用油起锅，爆香姜片、葱段、蒜末。

❹倒入黄瓜、瘦肉、黄豆酱，注入清水，加入1克盐、白糖、水淀粉，炒至熟盛出即可。

豆豉刀豆肉片

烹饪时间
3分钟

材料 刀豆100克,甜椒15克,
干辣椒5克,五花肉300
克,豆豉10克,蒜末少许

调料 料酒8毫升,盐、鸡粉各2
克,老抽5毫升,食用油
适量

做法

❶洗净的五花肉切成片;洗净的甜椒去籽,切成块;洗好的刀豆切成块。

❷热锅注油,倒入五花肉,翻炒至转色,淋入4毫升料酒,炒匀。

❸倒入干辣椒、蒜末、豆豉,翻炒。

❹加入老抽,倒入甜椒、刀豆,快速地翻炒片刻。

❺倒入清水,加入盐、鸡粉、4毫升料酒,翻炒片刻,使食材入味至熟。

❻关火,将炒好的菜盛出,装入盘中即可。

白菜木耳炒肉丝

烹饪时间
12分钟

材料　白菜80克，水发木耳60克，猪瘦肉100克，红椒10克，姜片、蒜末、葱段各少许

调料　生抽3毫升，料酒5毫升，水淀粉6毫升，白糖3克，盐、鸡粉各2克，食用油适量

做法

❶洗净的白菜切粗丝，洗净的木耳切小块，洗净的红椒切条，猪瘦肉切细丝。

❷肉丝装碗，加1克盐、2毫升料酒、2毫升水淀粉、生抽，拌匀，腌入味。

❸用油起锅，倒入肉丝，炒匀，放入姜片、蒜末、葱段，爆香。

❹倒入红椒，炒匀，淋入3毫升料酒，炒匀，倒入木耳、白菜，炒至变软。

❺加入1克盐、白糖、鸡粉、4毫升水淀粉，翻炒均匀，至入味。

❻关火后盛出炒好的菜肴即可。

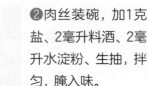
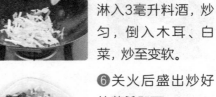

莴笋炒瘦肉

烹饪时间
12分钟

材料 莴笋200克，瘦肉120克，葱段、蒜末各少许

调料 盐2克，鸡粉、白胡椒粉各少许，料酒3毫升，生抽4毫升，水淀粉、芝麻油、食用油各适量

做法

❶去皮洗净的莴笋切细丝；洗好的瘦肉切丝，装入碗中。

❷碗中加1克盐、料酒、生抽、白胡椒粉、水淀粉、食用油，拌匀腌渍。

❸用油起锅，倒入肉丝，炒至其转色，放入葱段、蒜末、莴笋丝、1克盐、鸡粉，炒匀。

❹注入清水，炒匀，用水淀粉勾芡，淋入芝麻油，炒香，关火后盛入盘中即可。

蚂蚁上树 烹饪时间 4分钟

材料 肉末200克，水发粉丝段300克，朝天椒末、蒜末、葱花各少许

调料 料酒、豆瓣酱、生抽、陈醋各适量，盐、鸡粉各2克，食用油适量

做法 ────────

❶用油起锅，倒入肉末，翻炒松散，淋入料酒，炒匀提味。

❷放入蒜末，炒香，加入豆瓣酱、生抽、粉丝段，翻炒均匀。

❸加入陈醋、盐、鸡粉、朝天椒末、葱花，炒匀，关火后盛出即可。

肉末干煸四季豆 烹饪时间 3分钟

材料 四季豆长段170克，肉末80克

调料 盐、鸡粉各2克，料酒5毫升，生抽、食用油各适量

做法 ────────

❶热锅注油，烧至六成热，放入四季豆，拌匀，用小火炸2分钟，捞出沥干油。

❷锅底留油，倒入肉末、料酒，炒香，倒入生抽，炒匀。

❸放入四季豆，炒匀，加盐、鸡粉，炒匀调味，关火盛出，装盘即可。

肉末胡萝卜炒青豆 | 烹饪时间 2分钟

材料 肉末、青豆各90克，胡萝卜 100克，姜末、蒜末、葱末各 少许

调料 盐3克，鸡粉少许，生抽4毫 升，水淀粉、食用油各适量

做法

❶将洗净的胡萝卜切条形，再切成粒。

❷锅中注入适量清水烧开，加入1克盐，倒入胡萝卜、青豆，淋入少许食用 油，煮约1分30秒至食材断生后捞出，待用。

❸用油起锅，倒入备好的肉末，快速翻炒至其松散，倒入姜末、蒜末、葱 末，淋入生抽，拌炒片刻。

❹倒入焯好的食材，用中火翻炒匀，转小火，调入2克盐、鸡粉，翻炒至食 材熟透，淋入少许水淀粉，中火炒匀，关火后盛盘即成。

肉末烧蟹味菇

烹饪时间
6分钟

材料 蟹味菇250克

肉末150克

豌豆80克

蒜末、葱段各
少许

调料 蚝油5克

盐、鸡粉各1克

料酒、生抽各5
毫升

水淀粉、食用
油各适量

做法

❶洗净的蟹味菇切去根部，待用。

❷热水锅中倒入洗好的豌豆，汆煮2分钟至断生，捞出。

❸往锅中倒入切好的蟹味菇，汆煮至断生，捞出。

❹另起锅注油烧热，倒入肉末，翻炒至转色。

❺倒入蒜末，放入葱段，炒香，倒入汆好的豌豆。

❻加入料酒，放入汆好的蟹味菇，翻炒匀。

❼加入蚝油、生抽、盐、鸡粉，翻炒均匀。

❽注入少许清水，稍煮2分钟至入味，用水淀粉勾芡，翻炒至收汁即可。

Tips

菌类搭配肉类食用，能提供人体多种维生素和氨基酸，是美容养颜的绝佳搭配。

材料 排骨段300克

红椒块40克

青椒块30克

花椒、姜片、
蒜末、葱段各
少许

调料 豆瓣酱7克

生抽5毫升

料酒10毫升

盐、鸡粉各2克

白糖3克

水淀粉、辣椒
酱、食用油各
适量

双椒排骨 烹饪时间 12分钟

做法

❶沸水锅中倒入排骨段，汆去血水，捞出。

❷用油起锅，爆香姜片、蒜末、花椒、葱段，倒入排骨、料酒，炒匀。

❸加豆瓣酱、生抽、清水、盐、鸡粉、白糖、辣椒酱，烧开后焖至食材
熟透。

❹倒入青椒、红椒、水淀粉，炒匀，关火后盛出即可。

竹笋炒腊肉 | 烹饪时间 5分钟

材料 腊肉140克，竹笋120克，芹菜45克，红小米椒30克，葱段、姜片各少许

调料 鸡粉2克，生抽3毫升，料酒10毫升，食用油适量

做法

❶去皮竹笋切薄片，芹菜洗净切长段，红小米椒洗净切段，腊肉洗净切片。

❷沸水锅中倒入笋片，加4毫升料酒，煮熟捞出；再倒入腊肉片，煮片刻捞出。

❸用油起锅，爆香姜片、葱段，倒入腊肉、6毫升料酒、红小米椒、芹菜段，炒至变软。

❹放入笋片，加入鸡粉、生抽，炒匀，关火后盛出即可。

芦笋炒腊肉 | 烹饪时间 5分钟

材料 芦笋80克，腊肉100克，姜丝少许

调料 盐、鸡粉各1克，料酒、水淀粉各5毫升，食用油适量

做法

❶洗净的芦笋对半切开，切小段；洗净的腊肉切片。

❷沸水锅中倒入腊肉，煮去盐和油脂，捞出，沥干水分。

❸锅中倒入芦笋，焯煮至断生，捞出，沥干水分，装盘待用。

❹热锅注油，倒入姜丝，爆香，放入腊肉，加入料酒，倒入芦笋，炒香。

❺加入盐、鸡粉、水淀粉，翻炒至收汁，关火后盛出菜肴，装入盘中即可。

Tips

如果芦笋外皮较厚，应将其去皮，以免影响口感。

手撕包菜腊肉

烹饪时间
3分钟

材料 包菜400克，腊肉200克，干辣椒、花椒、蒜末各少许

调料 盐、鸡粉各2克，生抽4毫升，食用油适量

做法

❶将腊肉切块，改切片；洗净的包菜切开，用手撕成小块。

❷锅中注适量清水烧开，放入腊肉，氽去多余盐分，把腊肉捞出，沥干水分。

❸用油起锅，放入花椒、干辣椒、蒜末，爆香，倒入腊肉，翻炒均匀。

❹加入包菜、盐、鸡粉，加生抽，炒匀，关火后将菜肴盛出即可。

湘西腊肉炒蕨菜 | 烹饪时间 7分钟

材料 腊肉200克，蕨菜240克，干辣椒、八角、桂皮各适量，姜末、蒜末各少许

调料 盐、鸡粉各2克，生抽4毫升，食用油适量

做法

① 将腊肉切成片，洗净的蕨菜切成段。

② 锅中注水烧开，放入腊肉，汆去多余盐分，捞出，沥干水分。

③ 用油起锅，放入八角、桂皮，炒香，放入干辣椒、姜末、蒜末，炒匀。

④ 倒入腊肉，放入生抽，加入蕨菜，炒匀，加入清水、盐，焖5分钟，加入鸡粉，炒匀即可。

杏鲍菇炒腊肉 烹饪时间 2分钟

材料 腊肉150克,杏鲍菇120克,红椒35克,蒜苗段40克,姜片、蒜片各少许

调料 盐、鸡粉各1克,生抽3毫升,水淀粉、食用油各适量

做法

❶杏鲍菇洗净切菱形片;红椒洗净去籽,切菱形片;腊肉洗净切片。

❷沸水锅中倒入杏鲍菇,焯片刻后捞出;再倒入腊肉片,焯水,捞出待用。

❸用油起锅,爆香姜片、蒜片,倒入腊肉片、生抽、红椒片、杏鲍菇、盐、鸡粉。

❹注水,炒匀,再用水淀粉勾芡,倒入蒜苗段,炒匀,关火后盛出即可。

刀豆炒腊肠

烹饪时间
3分钟

材料 刀豆130克

腊肠90克

彩椒20克

蒜末少许

调料 盐少许

鸡粉2克

料酒4毫升

水淀粉、食用

油各适量

做法

 ❶将洗净的彩椒切开，改切菱形片。

 ❷洗好的刀豆斜刀切块，洗净的腊肠斜刀切片。

 ❸用油起锅，放入蒜末，爆香。

 ❹倒入切好的腊肠，翻炒均匀，淋入少许料酒，炒香。

 ❺倒入刀豆、彩椒，炒匀。

 ❻注水，翻炒一会儿，至刀豆变软。

 ❼加入盐、鸡粉，再用水淀粉勾芡,翻炒至食材入味。

 ❽关火后盛出菜肴，装在盘中即成。

> Tips
> 腊肠可事先蒸一下，这样切的时候会更省力。

腰果炒猪肚 | 烹饪时间 4分钟

材料 熟猪肚丝200克，熟腰果150克，芹菜70克，红椒60克，蒜片、葱段各少许

调料 盐2克，鸡粉3克，芝麻油、料酒各5毫升，水淀粉、食用油各适量

做法

❶芹菜洗净切成小段；红椒洗净切开，去籽，切条。

❷用油起锅，倒入蒜片、葱段，爆香，放入猪肚丝，淋入料酒，炒匀。

❸注水，加入红椒丝、芹菜段、盐、鸡粉，倒水淀粉、芝麻油，炒匀。

❹关火后盛出炒好的菜肴，装盘，加入熟腰果即可。

荷兰豆炒猪肚 | 烹饪时间 4分钟

材料 熟猪肚150克，荷兰豆100克，洋葱40克，彩椒35克，姜片、蒜末、葱段各少许

调料 盐3克，鸡粉2克，料酒10毫升，生抽、水淀粉各5毫升，食用油适量

做法

❶去皮洋葱切成条；洗净的彩椒去籽，切成块；熟猪肚切成片。

❷沸水锅中加油、1克盐、荷兰豆、洋葱、彩椒，焯熟后捞出，沥干水分。

❸用油起锅，放入姜片、蒜末、葱段，爆香，倒入猪肚，淋入料酒、生抽，炒匀。

❹放入荷兰豆、洋葱、彩椒，加入鸡粉、2克盐、水淀粉，炒匀，盛出菜肴即可。

材料 熟猪肚300克
  韭菜花200克
  红椒10克
  青椒15克

调料 盐、鸡粉、胡
  椒粉各2克
  料酒5毫升
  水淀粉少许
  食用油适量

肚条烧韭菜花 烹饪时间 3分钟

做法

❶ 洗净的韭菜花切段，洗净的红椒、青椒、熟猪肚切条。

❷ 用油起锅，倒入切好的猪肚，淋入料酒，炒匀，放入切好的青椒、红椒，炒匀。

❸ 倒入韭菜花，加入盐、鸡粉、胡椒粉，炒匀，倒入水淀粉，翻炒均匀至食材入味。

❹ 关火后盛出炒好的菜肴，装入盘中即可。

菠菜炒猪肝 |烹饪时间 12分钟

材料 菠菜200克,猪肝180克,红椒 10克,姜片、蒜末、葱段各少许

调料 盐2克,鸡粉3克,料酒7毫升, 水淀粉、食用油各适量

做法

❶将洗净的菠菜切成段,洗好的红椒切成小块,洗净的猪肝切成片。

❷将猪肝装入碗中,放入1克盐、1克鸡粉、2毫升料酒、水淀粉,抓匀,注 入适量食用油,腌渍10分钟至入味。

❸用油起锅,放入姜片、蒜末、葱段、红椒,炒香,倒入猪肝,淋入适量料 酒,炒匀。

❹放入菠菜,炒至熟软,加入1克盐、2克鸡粉,炒匀调味,倒入5毫升水淀 粉,快速拌炒均匀,装盘即可。

材料 猪肝160克

花菜200克

胡萝卜片、姜
片、蒜末、葱
段各少许

调料 盐3克

鸡粉2克

生抽3毫升

料酒6毫升

水淀粉、食用
油各适量

猪肝炒花菜 | 烹饪时间 10分钟

做法 ———

❶将花菜洗净切小朵；猪肝切片，放入碗中，加1克盐、1克鸡粉、2毫升料酒、食用油，拌匀，腌渍。沸水锅中放1克盐、食用油、花菜，煮至断生后捞出。

❷用油起锅，爆香胡萝卜片、姜片、蒜末、葱段，再倒入猪肝、花菜、4毫升料酒，炒匀。

❸加1克盐、1克鸡粉、生抽、水淀粉，炒匀即可。

材料 腊猪嘴200克

青椒70克

蒜薹50克

红椒60克

朝天椒20克

葱碎、姜片各少许

调料 料酒5毫升

生抽4毫升

蚝油3克

五香粉、鸡粉、白糖各2克

盐、食用油各适量

小炒腊猪嘴

烹饪时间
3分钟

做法

❶ 洗净的蒜薹切小段；洗净的青椒、红椒分别去柄,切成圈；洗净的朝天椒切成小块,待用。

❷ 腊猪嘴用沸水氽煮去除多余盐分,捞出。

❸ 热油炒香姜片、葱碎、朝天椒,放入蒜薹、红椒、青椒,快速翻炒。

❹ 倒入腊猪嘴,炒香,淋上料酒、生抽,放入蚝油、五香粉,注入少许清水,炒匀,加入盐、鸡粉、白糖,炒匀调味,装入盘中即可。

爆炒卤肥肠

烹饪时间
10分钟

材料 卤肥肠270克

红椒35克

青椒20克

蒜苗段45克

葱段、蒜片、

姜片各少许

调料 盐、鸡粉各

少许

料酒3毫升

生抽4毫升

水淀粉、芝麻

油、食用油各

适量

做法

❶将洗净的红椒切开,去籽,斜刀切菱形片;洗好的青椒切开,去籽,再切菱形片。

❷备好的卤肥肠切成小段。

❸锅中注水烧开,倒入肥肠,拌匀,汆煮一会儿,去除杂质后捞出。

❹用油起锅,撒上蒜片、姜片,爆香,倒入肥肠,炒匀炒香。

❺淋上料酒、生抽,放入青椒片、红椒片,炒匀。

❻注入少许清水,加入盐、鸡粉,炒匀调味。

❼用水淀粉勾芡,放入洗净的蒜苗段、葱段,炒出香味。

❽淋上适量芝麻油,炒匀,至食材入味,关火后盛出菜肴,装盘即成。

Tips

肥肠有较强的韧性,含有蛋白质、脂肪及铁、锌、钙等营养元素,具有润肠润燥、止渴止血等功效。

南瓜炒牛肉 | 烹饪时间 10分钟

材料 牛肉175克，南瓜150克，青椒、红椒各少许

调料 盐3克，鸡粉2克，料酒10毫升，生抽4毫升，水淀粉、食用油各适量

做法

① 洗好去皮的南瓜切片，洗净的青椒、红椒均切成条，洗净的牛肉切成片。

② 把牛肉片装入碗中，加入生抽和少许的1克盐、3毫升料酒、水淀粉、食用油，腌渍片刻。

③ 沸水锅中倒入南瓜片、青椒、红椒、少许食用油，煮至断生后捞出。

④ 用油起锅，倒入牛肉、7毫升料酒、焯过水的材料，加入2克盐、鸡粉、水淀粉，炒匀后盛出装盘即可。

干煸芋头牛肉丝

烹饪时间
10分钟

材料 牛肉270克,鸡腿菇45克,芋头70克,青椒15克,红椒10克,姜丝、蒜片各少许

调料 盐3克,白糖、食粉各少许,料酒4毫升,生抽6毫升,食用油适量

做法

①将去皮洗净的芋头切丝;洗好的鸡腿菇、红椒、青椒、牛肉均切丝。

②把牛肉丝装入碗中,放入料酒、食粉、部分姜丝和1克盐、2毫升生抽,拌匀,腌渍片刻。

③热油锅中倒入芋头丝,炸成金黄色后捞出;油锅中再倒入鸡腿菇,炸熟后捞出。

④用油起锅,撒上余下的姜丝,放入蒜片,爆香,倒入牛肉丝,炒至其转色。

⑤倒入红椒丝、青椒丝,炒匀炒透,至其变软,放入炸好的芋头丝和鸡腿菇,炒散。

⑥加入2克盐、4毫升生抽、白糖,用大火翻炒匀,至食材熟透,关火后盛出炒好的菜肴即可。

小笋炒牛肉

烹饪时间
13分钟

材料 竹笋90克，牛肉120克，青椒、红椒各25克，姜片、蒜末、葱段各少许

调料 盐、鸡粉各3克，生抽6毫升，食粉、料酒、水淀粉、食用油各适量

做法

❶竹笋洗净切片；红椒、青椒洗净去籽，切成小块；牛肉切片装入碗中，加入食粉、2毫升生抽、1克盐、1克鸡粉、水淀粉，抓匀，注入适量食用油，腌渍10分钟。

❷锅中倒入清水烧开，放入竹笋片，加适量食用油、1克盐、1克鸡粉，搅匀，煮约半分钟，倒入青椒、红椒，搅匀，续煮半分钟至其断生，捞出待用。

❸用油起锅，爆香姜片、蒜末，倒入牛肉片，炒匀，淋入适量料酒，炒香。

❹倒入竹笋、青椒、红椒，拌炒匀，加入4毫升生抽、1克盐、1克鸡粉，炒匀调味，倒水淀粉翻炒均匀，盛入盘中即可。

蒜薹炒牛肉

烹饪时间
12分钟

材料 牛肉240克,蒜薹120克,彩椒40克,姜片、葱段各少许

调料 盐、鸡粉各3克,白糖、生抽、食粉、生粉、料酒、水淀粉、食用油各适量

做法

❶将洗净的蒜薹切成段;洗好的彩椒切开,切成条形。

❷洗净的牛肉切大片,拍打松软,再切小块,改切成细丝。

❸把牛肉丝装入碗中,加1克盐、1克鸡粉、白糖、生抽、食粉、生粉,拌匀,倒入少许食用油,腌渍约10分钟,至其入味。

❹热锅注油,烧至四五成热,倒入牛肉丝,搅散,用小火滑油约半分钟至其变色,捞出待用。

❺锅底留油烧热,倒入姜片、葱段,爆香,放入蒜薹、彩椒,炒匀。

❻淋入料酒,炒匀,放入牛肉丝,加入2克盐、2克鸡粉、生抽、白糖,炒匀调味。

❼倒入水淀粉勾芡,关火后盛出炒好的菜肴即可。

洋葱西蓝花炒牛柳

烹饪时间
10分钟

材料 西蓝花300克
牛肉200克
洋葱45克
姜片、葱段各
少许

调料 盐3克
鸡粉2克
蚝油3克
生抽4毫升
料酒5毫升
白糖、食粉、
老抽各少许
水淀粉、食用
油各适量

做法

❶将西蓝花洗净切成小朵,洋葱洗净切粗丝,洗净的牛肉切成粗丝。

❷牛肉装碗,加入食粉、1毫升生抽、1克盐、1克鸡粉、水淀粉,拌匀上浆,注入油,腌渍。

❸锅中注水烧开,放入食用油、1克盐,倒入西蓝花,煮约1分钟,捞出备用。

❹沸水锅中倒入腌渍好的牛肉丝,用大火汆煮片刻,至其变色,捞出。

❺用油起锅,放入姜片、葱段、洋葱,炒出香味。

❻放入牛肉丝、料酒,炒匀提味,转小火,加3毫升生抽、蚝油、1克盐、1克鸡粉、白糖,炒匀。

❼转中火,淋入老抽,炒匀上色,再倒入水淀粉,快速炒匀入味。

❽取一个盘子,放入焯熟的西蓝花,摆好,再盛入锅中的菜肴,摆盘即可。

> **Tips**
>
> 西蓝花含有蛋白质、糖类、矿物质、维生素C和胡萝卜素等营养成分,有杀菌、防感染的作用。此外,西蓝花还含有一定量的类黄酮物质,对高血压有食疗作用。

山楂菠萝炒牛肉

烹饪时间
23分钟

材料 牛肉片200克，水发山楂片25克，菠萝600克，圆椒少许

调料 番茄酱30克，盐3克，鸡粉2克，食粉少许，料酒6毫升，水淀粉、食用油各适量

做法

❶牛肉片中加入1克盐、2毫升料酒、食粉、水淀粉、食用油拌匀，腌渍约20分钟。

❷将洗净的圆椒切小块；洗好的菠萝制成菠萝盅，菠萝肉切小块，待用。

❸起油锅，倒入牛肉，拌匀，倒入圆椒，炸香，捞出；锅底留油烧热，倒入山楂片、菠萝肉，炒匀。

❹挤入番茄酱炒香，倒入滑过油的食材，加入4毫升料酒、2克盐、鸡粉、水淀粉，炒熟，关火后盛出炒好的菜肴，装入菠萝盅即成。

黑椒苹果牛肉粒 | 烹饪时间 15分钟

材料 苹果120克，牛肉100克，芥蓝梗45克，洋葱30克，黑胡椒粒4克，姜片、蒜末、葱段各少许

调料 盐3克，鸡粉、食粉各少许，老抽2毫升，料酒、生抽各3毫升，水淀粉、食用油各适量

做法

❶ 将洗净去皮的洋葱切成丁；洗好的芥蓝梗切成段；去皮的苹果去果核，切成丁。

❷ 洗好的牛肉切成丁，用食粉、1克盐、鸡粉、1毫升生抽、水淀粉、食用油拌匀，腌渍至入味。

❸ 沸水锅中加入少许食用油、1克盐，放入芥蓝梗、苹果丁，焯熟后捞出；牛肉丁汆熟捞出。

❹ 用油起锅，爆香姜片、蒜末、葱段、黑胡椒粒，倒入洋葱丁、牛肉丁、料酒。

❺ 放入2毫升生抽、老抽、焯过的食材、1克盐、鸡粉、水淀粉，炒匀，关火后盛出即可。

材料 牛百叶150克

水发木耳80克

红椒、青椒各
25克

姜片少许

调料 盐3克

鸡粉少许

料酒4毫升

水淀粉、芝麻
油、食用油各
适量

木耳炒百叶

烹饪时间
5分钟

做法

❶洗净的牛百叶切小块；洗净的木耳切除根部，改切小块；洗净的青椒、红椒
均去籽，切菱形片。

❷沸水锅中倒入木耳、牛百叶，焯去杂质后捞出。

❸用油起锅，撒上姜片，爆香，倒入青椒片、红椒片，放入木耳、牛百叶，淋入
料酒，炒匀。

❹注水煮沸，加调料炒匀即可。

西芹湖南椒炒牛肚 |烹饪时间 5分钟

材料 熟牛肚200克,湖南椒80克,西芹110克,朝天椒30克,姜片、蒜末、葱段各少许

调料 盐、鸡粉各2克,料酒、生抽、芝麻油各5毫升,食用油适量

做法

❶洗净的湖南椒切小块,西芹切小段,洗净的朝天椒切圈;熟牛肚切粗条。

❷用油起锅,爆香朝天椒、姜片,放入牛肚、蒜末、湖南椒、西芹段,炒匀。

❸加入料酒、生抽,注入清水,加入盐、鸡粉,加入芝麻油,翻炒。

❹放入葱段,翻炒至入味,关火后盛出炒好的菜肴。

材料 羊肉片130克
大葱段70克

调料 盐、鸡粉、白胡
椒粉各1克
生抽、料酒、水
淀粉各5毫升
食用油适量
黄豆酱30克

酱爆大葱羊肉

烹饪时间
14分钟

做法

① 羊肉片装碗，加入盐、料酒、白胡椒粉、水淀粉、少许食用油，搅拌均匀，腌渍10分钟至入味。

② 热锅注油，倒入腌好的羊肉，炒约1分钟至转色。

③ 倒入黄豆酱，放入大葱段，翻炒出香味。

④ 加入鸡粉、生抽，大火翻炒约1分钟至入味，关火后盛出菜肴，装盘即可。

金针菇炒羊肉卷

烹饪时间
10分钟

材料　羊肉卷170克，金针菇200克，干辣椒30克，姜片、蒜片、葱段、香菜段各少许

调料　料酒8毫升，生抽10毫升，盐4克，蚝油4克，水淀粉4毫升，老抽2毫升，鸡粉2克，白胡椒粉、食用油各适量

做法

❶羊肉卷切成片；金针菇洗净切去根部；羊肉片装碗，加入3毫升料酒、3毫升生抽、1克盐、白胡椒粉、水淀粉，拌匀，腌渍片刻。

❷锅中注水烧开，倒入金针菇，汆煮至断生捞出；倒入羊肉片煮去杂质，捞出待用。

❸用油起锅，爆香姜片、蒜片、葱段，倒入干辣椒、羊肉片，快速翻炒匀，放入5毫升料酒、7毫升生抽、老抽、蚝油，翻炒均匀，倒入金针菇，翻炒片刻。

❹加入3克盐、鸡粉，翻炒调味，放入香菜段，翻炒出香味，盛入盘中即可。

材料 熟羊肚200克

竹笋100克

水发香菇10克

青椒、红椒、
姜片、葱段各
少许

调料 盐2克

鸡粉3克

料酒5毫升

生抽、水淀
粉、食用油各
适量

红烧羊肚 | 烹饪时间 3分钟

做法 ─────

❶青椒、红椒、香菇切小块，竹笋切片。

❷熟羊肚切块；沸水中倒笋片，煮至断生捞出。

❸用油起锅，放入姜片、葱段，倒入青椒、红椒、香菇、竹笋、羊肚，
炒匀。

❹淋入料酒，加入盐、鸡粉、生抽，拌匀，倒入水淀粉，炒匀，关火后
盛出即可。

材料 韭菜120克
　　　姜片20克
　　　羊肝250克
　　　红椒45克

调料 盐、鸡粉各3克
　　　生粉5克
　　　料酒16毫升
　　　生抽4毫升
　　　食用油适量

韭菜炒羊肝 | 烹饪时间 10分钟

做法

① 韭菜洗净切段,红椒洗净切条,羊肝洗净切片。

② 将羊肝装入碗中,放入姜片、生粉和少许的料酒、盐、鸡粉,拌匀,腌渍至其入味。

③ 沸水锅中放入羊肝,煮沸,去血水,捞出。

④ 用油起锅,倒入所有的材料和调料,快速炒匀至熟,盛出炒好的菜肴即可。

爽滑禽蛋，
质朴又营养

Chapter 4

鸡肉篇

歌乐山辣子鸡

烹饪时间
8分钟

材料 鸡腿肉300克,干辣椒30克, 芹菜12克,彩椒10克,葱段、 蒜末、姜末各少许

调料 盐3克,鸡粉少许,料酒4毫 升,辣椒油、食用油各适量

做法

❶将鸡腿肉切小块,芹菜洗净斜刀切段,彩椒洗净切菱形片。

❷热锅注油烧热,倒入鸡块,炸至食材断生后捞出,沥干油。

❸用油起锅,倒入姜末、蒜末、葱段,爆香,再倒鸡块、料酒,炒香。

❹放入干辣椒,炒出辣味,加入盐、鸡粉、芹菜和彩椒,炒匀。

❺淋入辣椒油,炒匀,至食材入味,关火后盛出炒好的菜肴,装盘即可。

Tips

鸡块也可先用少许生粉腌渍一下再用油炸,这样肉质会更嫩。

胡萝卜鸡肉茄丁

烹饪时间
12分钟

材料 去皮茄子100克，鸡胸肉200克，去皮胡萝卜95克，蒜片、葱段各少许

调料 盐、白糖各2克，胡椒粉3克，蚝油5克，生抽、水淀粉各5毫升，料酒10毫升，食用油适量

做法

① 洗净去皮的茄子、胡萝卜均切丁；洗净的鸡胸肉切丁。

② 鸡肉丁装碗，加入1克盐、3毫升料酒、2毫升水淀粉、食用油，拌匀，腌渍至入味。

③ 用油起锅，倒入腌好的鸡肉丁，翻炒约2分钟至转色，盛出，装盘待用。

④ 另起锅注油，放入胡萝卜丁、葱段、蒜片、茄子丁、7毫升料酒、清水、1克盐，炒匀，焖至食材熟软。

⑤ 放入鸡肉丁、蚝油、胡椒粉、生抽、白糖、3毫升水淀粉，炒匀即可。

酱爆桃仁鸡丁

烹饪时间
10分钟

材料 核桃仁20克,光鸡350克,葱
段、姜丝各少许

调料 盐、鸡粉各2克,黄豆酱25克,
水淀粉、料酒各4毫升,白糖3
克,生粉10克,食用油适量

做法

❶将光鸡切丁,装入碗中,加入料酒、生粉和1克盐,搅拌均匀,腌渍片刻。

❷热油锅中放入核桃仁,滑油后捞出;油锅中再倒入鸡丁,滑油至断生后捞出。

❸锅留底油,放入姜丝,爆香,倒入鸡丁、黄豆酱,炒匀,倒入少许水。

❹放入1克盐、鸡粉、白糖、水淀粉,放入葱段、核桃仁,炒匀,关火后将菜肴
盛出装盘即可。

腰果炒鸡丁

烹饪时间
10分钟

材料 鸡肉丁250克，腰果80克，青椒丁50克，红椒丁50克，姜末、蒜末各少许

调料 盐3克，干淀粉5克，黑胡椒粉2克，料酒7毫升，食用油适量

做法

❶取一碗，加入干淀粉、黑胡椒粉、料酒、鸡肉丁，拌匀，腌渍一会儿。

❷热锅注油，放入腰果，小火翻炒至微黄色，将炒好的腰果盛出，装盘。

❸锅底留油，爆香姜末、蒜末，放鸡肉丁，翻炒。

❹倒入青椒丁、红椒丁，加入盐、腰果，炒匀，关火后将炒好的菜肴盛出即可。

材料　鸡胸肉300克

　　　彩椒60克

　　　白果120克

　　　姜片、葱段、
　　　蒜末各少许

调料　盐适量

　　　鸡粉2克

　　　水淀粉8毫升

　　　生抽、料酒、
　　　食用油各少许

白果鸡丁

烹饪时间
7分钟

做法

❶洗净的彩椒切成小块，洗净的鸡胸肉切成丁。

❷鸡肉丁装碗中，加盐、1克鸡粉、2毫升水淀粉、食用油拌匀，腌入味。

❸沸水锅中加少许盐、食用油、白果、彩椒块，拌匀，焯片刻，捞出。

❹热锅中注油烧热，倒入鸡肉丁，炸至变色，捞出。

❺锅底留油，爆香蒜末、姜片、葱段，倒入白果、彩椒、鸡肉丁、料酒、盐、1克鸡粉。

❻倒入生抽，淋入6毫升水淀粉，炒匀，关火后盛出炒好的菜肴，装入盘中即可。

魔芋泡椒鸡 烹饪时间 7分钟

材料 魔芋黑糕300克，鸡脯肉120克，泡朝天椒30克，姜丝、葱段各少许

调料 盐、白糖各2克，鸡粉3克，白胡椒粉4克，料酒、辣椒油、生抽各5毫升，水淀粉、蚝油、食用油各适量

做法

❶魔芋黑糕切成块；洗好的鸡脯肉沥干水分，切丁。

❷鸡肉丁中加盐、料酒、白胡椒粉、水淀粉、食用油，拌匀，腌渍片刻。

❸将魔芋块放入清水中浸泡片刻后捞出；用油起锅，倒入鸡肉、姜丝、泡朝天椒。

❹放入魔芋块、生抽、清水、白糖、蚝油、鸡粉、水淀粉、辣椒油、葱段，炒匀，盛出即可。

材料 鸡胸肉150克
　　　青椒55克
　　　红椒25克
　　　姜丝、蒜末各
　　　少许

调料 盐2克
　　　鸡粉3克
　　　豆瓣酱5克
　　　料酒、水淀粉、
　　　食用油各适量

青椒炒鸡丝 | 烹饪时间 7分钟

做法

❶ 红椒、青椒洗净切成丝,鸡胸肉洗净切成丝。

❷ 鸡肉丝装碗,放1克盐、1克鸡粉、水淀粉、食用油,拌匀,腌渍片刻。

❸ 沸水锅中加入食用油、红椒、青椒,煮至七成熟,捞出,装盘。

❹ 用油起锅,放姜丝、蒜末,爆香,倒入鸡肉丝、青椒、红椒和其余调料,
　 炒匀,盛出即可。

材料 竹笋170克

鸡胸肉230克

彩椒35克

姜末、蒜末各
少许

调料 盐、鸡粉各2克

料酒3毫升

水淀粉、食用
油各适量

竹笋炒鸡丝 烹饪时间 7分钟

做法 ————————————————————

❶洗净的竹笋、鸡胸肉切细丝，洗净的彩椒切粗丝。

❷鸡肉丝装碗，加1克盐、1克鸡粉、水淀粉、食用油拌匀，腌渍片刻。沸水
锅中放入竹笋丝，加入1克盐、1克鸡粉，焯约半分钟，捞出。

❸热锅注油，倒入所有的材料和调料，炒匀，盛出炒好的菜肴即可。

材料　鸡胸肉400克
　　　胡萝卜100克
　　　圆椒80克
　　　桂圆肉40克
　　　姜片、葱段各
　　　少许

调料　盐、鸡粉各3克
　　　料酒10毫升
　　　水淀粉16毫升
　　　食用油适量

圆椒桂圆炒鸡丝

烹饪时间
7分钟

做法

❶洗净的圆椒、胡萝卜、鸡胸肉切丝。

❷将鸡肉丝装入碗中，加入1克盐、1克鸡粉、水淀粉、食用油，拌匀，腌渍至其入味。

❸锅中注水烧开，加入1克盐、食用油，放入胡萝卜丝，拌匀，煮约半分钟，捞出。

❹用油起锅，放入所有的材料和调料，炒匀盛出即可。

鸡丝白菜炒白灵菇

烹饪时间
5分钟

材料 白灵菇、白菜各200克，鸡肉150克，红彩椒30克，葱段、蒜片各少许

调料 盐、鸡粉各1克，芝麻油、生抽各5毫升，水淀粉、食用油各适量

做法

❶洗净的白灵菇切条；洗好的白菜切条；洗好的红彩椒去籽，切丝；洗净的鸡肉切丝。

❷沸水锅中倒入白菜丝，煮至断生，捞出沥干；倒入白灵菇，煮至断生，捞出。

❸另起锅注油，倒入鸡肉丝，稍炒片刻，放入蒜片，炒香，倒入白灵菇，淋入生抽，炒熟。

❹放入白菜丝、红彩椒丝，炒匀，加盐、鸡粉、葱段、水淀粉、芝麻油，炒匀即可。

材料 鲜香菇50克

金针菇80克

上海青100克

鸡胸肉150克

姜片适量

调料 盐、鸡粉各3克

生粉、白糖各2克

老抽4毫升

料酒5毫升

水淀粉、食用油

各适量

双菇烩鸡片 烹饪时间
7分钟

做法

❶洗净的金针菇去根，洗净的上海青切瓣，洗净的香菇、鸡胸肉切片。

❷鸡肉片用生粉和1克盐、1克鸡粉、食用油腌渍片刻。沸水锅中放入白糖、
上海青和1克盐、食用油，煮熟后捞出摆盘中；香菇、金针菇焯熟后捞出；
鸡肉片余熟后捞出。

❸用油起锅，放入姜片、鸡肉片、香菇、金针菇、1克盐、2克鸡粉、清水、
料酒、水淀粉、老抽炒匀，盛出即可。

芦笋炒鸡柳

烹饪时间
13分钟

材料 鸡胸肉150克
芦笋120克
西红柿75克

调料 盐3克
鸡粉2克
水淀粉、食
用油各适量

做法

❶去皮洗净的芦笋切长段,再切粗条。

❷洗好的鸡胸肉切片,再切成条状。

❸洗净的西红柿切开,再切小瓣,去除瓜瓤,待用。

❹把鸡柳装入碗中,加入1克盐、1克鸡粉、水淀粉,拌匀,腌渍约10分钟至其入味,待用。

❺锅中注水烧开,倒入芦笋条,加油、1克盐,拌匀,煮至其断生后捞出,沥干水分。

❻用油起锅,倒入鸡柳,炒至变色。

❼倒入芦笋条,放入西红柿。

❽加入1克盐、1克鸡粉,炒匀,再倒入适量水淀粉,翻炒至食材熟透即成。

Tips

芦笋含有天门冬酰胺、胡萝卜素、精氨酸、香豆素、挥发油等营养成分,具有增进食欲、帮助消化、清热利尿、抗癌防癌等功效。

咖喱鸡丁炒南瓜 |烹饪时间
5分钟

材料 南瓜300克，鸡胸肉100克，姜片、蒜末、葱段各少许

调料 咖喱粉10克，盐、鸡粉各2克，料酒4毫升，水淀粉、食用油各适量

做法

❶ 洗净去皮的南瓜切丁；洗净的鸡胸肉切丁，加1克鸡粉、1克盐、水淀粉、食用油拌匀，腌渍入味。

❷ 热锅注油，放入南瓜丁，炸至断生后捞出，沥干油。

❸ 油爆姜片、蒜末，倒入鸡肉丁，炒匀，再淋入料酒，翻炒至鸡肉变色，注入清水，放入南瓜丁，煮沸。

❹ 撒上咖喱粉，加入1克鸡粉、1克盐，翻炒至食材熟软，倒入水淀粉炒匀，撒入葱段，炒至断生即成。

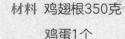

材料 鸡翅根350克

　　　鸡蛋1个

　　　青椒15克

　　　干辣椒5克

　　　花椒3克

　　　蒜末、葱花各
　　　少许

调料 盐、鸡粉各2克

　　　豆瓣酱8克

　　　辣椒酱12克

　　　料酒4毫升

　　　生抽5毫升

　　　生粉、食用油各
　　　适量

蜀香鸡 | 烹饪时间
10分钟

做法 ——————

❶ 洗净的青椒切圈,鸡翅根斩小块。鸡蛋打入碗中,调匀,制成蛋液,把鸡
块装碗,加蛋液、1克盐、1克鸡粉、生粉,拌匀挂浆,腌渍入味。

❷ 热油锅中倒入鸡块,炸香后捞出鸡块。

❸ 锅底留油,爆香蒜末、干辣椒、花椒,倒入除葱花外的其他材料和调料,
炒匀至食材熟软,最后撒上葱花即可。

榛蘑辣爆鸡 | 烹饪时间 32分钟

材料 鸡块235克，水发榛蘑35克，八角2个，干辣椒、花椒各10克，桂皮5片，姜片少许

调料 盐、鸡粉各2克，白糖3克，料酒、生抽、老抽、辣椒油、花椒油各5毫升，水淀粉、食用油各适量

做法

❶沸水锅中放入洗净的鸡块，氽片刻，关火后盛出鸡块，沥干水分。

❷用油起锅，放入八角、花椒、桂皮、姜片、干辣椒，爆香，倒入鸡块。

❸加入料酒、生抽、老抽，放入洗净的榛蘑，炒匀，注入清水，加入盐，拌匀。

❹煮至食材熟透，加入鸡粉、白糖、水淀粉、辣椒油、花椒油，拌匀，盛出即可。

材料 鸡腿250克

鸡蛋1个

姜片、干辣椒、蒜末、葱花各少许

调料 辣椒油5毫升

鸡粉、盐各3克

白糖4克

料酒10毫升

生粉30克

白醋、食用油各适量

左宗棠鸡 |烹饪时间 7分钟

做法

① 处理干净的鸡腿切开，去除骨头，再切成小块。

② 把鸡肉装入碗中，放入1克盐、1克鸡粉、5毫升料酒，取蛋黄加入，再加入生粉，搅匀，腌渍至入味。

③ 热锅注油烧热，倒入鸡肉，炸至金黄色，捞出，沥干油。

④ 锅底留油，放入蒜末、姜片、干辣椒，爆香，倒入鸡肉、5毫升料酒，炒匀。

⑤ 放入辣椒油、2克盐、2克鸡粉、白糖、白醋，倒入葱花，炒匀，盛出即可。

栗子枸杞炒鸡翅 烹饪时间 5分钟

材料 板栗120克，水发莲子100克，鸡翅200克，枸杞、姜片、葱段各少许

调料 生抽7毫升，白糖6克，盐、鸡粉各3克，料酒13毫升，水淀粉、食用油各适量

做法

❶鸡翅斩块，装碗，加2毫升生抽、2克白糖、1克盐、1克鸡粉、3毫升料酒拌匀。

❷热锅注油烧热，放入鸡翅，炸至其呈微黄色，捞出。

❸锅底留油，爆香姜片、葱段，倒入鸡翅、10毫升料酒、板栗、莲子、5毫升生抽，炒匀。

❹加入2克盐、2克鸡粉、4克白糖、清水，焖至食材入味，放入枸杞、水淀粉，炒匀，盛出即可。

香辣鸡翅 | 烹饪时间 10分钟

材料 鸡翅270克，干辣椒15克，蒜末、葱花各少许

调料 盐3克，生抽3毫升，白糖、料酒、辣椒油、辣椒面、食用油各适量

做法

❶ 洗净的鸡翅装入碗中，加入白糖和少许的1克盐、1毫升生抽、料酒，拌匀，腌渍片刻。

❷ 热油锅中放鸡翅，用小火炸至金黄色，捞出。锅底留油烧热，倒入蒜末、干辣椒，爆香，放入鸡翅、料酒、2毫升生抽、辣椒面。

❸ 加辣椒油、2克盐、葱花，炒匀，关火后装盘即可。

爽脆鸡胗

烹饪时间
7分钟

材料 鸡胗120克，大葱50克，芹菜45克，红椒40克，香菜10克，蒜末少许

调料 盐4克，鸡粉5克，料酒12毫升，生抽9毫升，生粉5克，辣椒油5毫升，花椒粉2克，水淀粉5毫升，食用油适量

做法

❶洗净的芹菜、香菜均切成段，洗净的红椒切成丝，洗好的大葱切成丝。

❷鸡胗切片，装碗，加入1克盐、1克鸡粉、3毫升生抽、4毫升料酒，放入生粉拌匀，腌渍片刻。

❸沸水锅中倒入鸡胗，汆至变色，捞出。用油起锅，爆香蒜末，倒入汆好的鸡珍，淋入8毫升料酒，炒匀。

❹加入3克盐、4克鸡粉、6毫升生抽、芹菜、红椒、辣椒油、花椒粉，翻炒均匀。

❺倒入水淀粉勾芡，放入大葱、香菜，翻炒均匀，关火后盛出食材即可。

酱爆鸡心 | 烹饪时间 4分钟

材料 鸡心100克,姜片、葱段各少许

调料 盐、鸡粉、白糖各1克,老抽3毫升,水淀粉5毫升,黄豆酱20克,白酒15毫升,食用油适量

做法

❶沸水锅中倒入洗净的鸡心,汆去血水,捞出,沥干水分,装盘待用。

❷热锅注油,倒入姜片、葱段,爆香,放入黄豆酱,炒匀。

❸倒入汆好的鸡心,翻炒至熟透,放入白酒,翻炒均匀,注入清水。

❹加入老抽、盐、鸡粉、白糖、水淀粉,炒匀,关火后盛出炒好的鸡心即可。

花甲炒鸡心 | 烹饪时间 3分钟

材料 花甲350克，鸡心180克，姜片、蒜末、葱段各少许

调料 盐2克，鸡粉3克，料酒4毫升，生抽2毫升，水淀粉、食用油各适量

做法

① 处理干净的鸡心切成片，加1克盐、1克鸡粉、1毫升料酒、水淀粉拌匀，腌渍入味。

② 锅中注水烧开，倒入鸡心，汆去血水，捞出沥干。

③ 油爆姜片、蒜末、葱段，倒入汆好的鸡心，淋入3毫升料酒，炒匀，放入花甲，加入生抽。

④ 用大火快速炒匀，加入1克盐、2克鸡粉、水淀粉，翻炒均匀，至食材入味即可。

材料　西瓜皮200克
　　　芹菜70克
　　　西红柿120克
　　　鸡蛋2个
　　　蒜末、葱段各
　　　少许

调料　盐、鸡粉各3克
　　　食用油适量

西瓜翠衣炒鸡蛋 | 烹饪时间 4分钟

做法

❶ 洗净的芹菜切段,除去硬皮的西瓜白切条,洗净的西红柿切瓣。

❷ 鸡蛋打入碗中,放入1克盐、1克鸡粉,打散、调匀。用油起锅,倒蛋液,炒熟盛出。

❸ 锅中注油烧热,倒入蒜末,爆香,倒入芹菜、西红柿、西瓜白、鸡蛋,略炒片刻,放2克盐、2克鸡粉,炒匀调味,关火后装盘,撒上葱段即可。

海鲜鸡蛋炒秋葵 | 烹饪时间 7分钟

材料 秋葵150克，鸡蛋3个，虾仁100克

调料 盐、鸡粉各3克，料酒、水淀粉、食用油各适量

做法

❶洗净的秋葵切去柄部，斜刀切小段；处理好的虾仁切成丁。

❷碗中打入鸡蛋，加入鸡粉和1克盐，拌匀；虾仁用2克盐、料酒、水淀粉腌渍。

❸用油起锅，倒入虾仁，炒至转色，放入秋葵，翻炒至熟，盛出秋葵和虾仁。

❹用油起锅，倒入鸡蛋液，放入秋葵和虾仁，翻炒至食材熟透，盛出菜肴即可。

蚕豆炒蛋 | 烹饪时间 2分钟

材料 水发蚕豆120克，鸡蛋3个 　　　　　　**调料** 盐、鸡粉、食用油各少许

做法

❶锅中注入适量清水大火烧热，加入少许的食用油、盐，煮片刻至沸，倒入蚕豆，煮熟软，捞出沥干。

❷鸡蛋打入碗中，加盐、鸡粉，拌成蛋液。

❸炒锅中倒入少许食用油，倒入蚕豆，翻炒片刻。

❹倒入搅好的蛋液，快速翻炒片刻使食材熟透，关火后，将炒好的食材盛出，装入盘中即可。

彩椒玉米炒鸡蛋

烹饪时间
2分钟

材料 鸡蛋2个，玉米粒85克，彩椒 10克，葱花少许

调料 盐3克，鸡粉2克，食用油适量

做法 ─────

❶洗净的彩椒切开，去籽，再切成丁。

❷鸡蛋打入碗中，加入1克盐、2克鸡粉，搅匀，制成蛋液，备用。

❸锅中注入适量清水烧开，倒入玉米粒、彩椒，加入2克盐，煮至断生，捞出待用。

❹用油起锅，倒入蛋液，翻炒均匀，倒入焯过水的食材，快速翻炒均匀，关火后盛出菜肴，装入盘中，撒上葱花即可。

火腿炒鸡蛋 | 烹饪时间 4分钟

材料 鸡蛋80克,火腿肠75克,黄油8克,西蓝花20克

调料 盐1克

做法

❶ 火腿肠切丁,西蓝花洗净切成小块。

❷ 取一碗,打入鸡蛋,加盐,将鸡蛋打散。锅中放入黄油,烧至溶化,倒入蛋液,炒匀,放入西蓝花,炒约2分钟至熟。

❸ 倒入火腿丁,翻炒1分钟至香气飘出,关火后盛出炒好的菜肴即可。

秋葵炒蛋 | 烹饪时间 2分钟

材料 秋葵180克,鸡蛋2个,葱花少许

调料 盐少许,鸡粉2克,水淀粉、食用油各适量

做法

❶ 将洗净的秋葵对半切开,切块。

❷ 鸡蛋打入碗中,放入少许盐、鸡粉,倒入适量水淀粉,搅拌匀。

❸ 用油起锅,倒入切好的秋葵,炒匀,撒入少许葱花,炒香。

❹ 倒入鸡蛋液,翻炒至熟,装盘。

菠菜炒鸡蛋 | 烹饪时间 2分钟

材料 菠菜65克，鸡蛋2个，彩椒10克　　　**调料** 盐、鸡粉各2克，食用油适量

做法

① 洗净的彩椒切开，去籽，切条，再切成丁；洗好的菠菜切成碎。

② 鸡蛋打入碗中，加入盐、鸡粉，搅匀打散，制成蛋液，待用。

③ 用油起锅，倒入蛋液，翻炒均匀，加入彩椒，翻炒匀。

④ 倒入菠菜碎，炒至食材熟软，关火后盛出炒好的菜肴，装入盘中即可。

鸡蛋炒百合

烹饪时间
2分钟

材料 鲜百合140克，胡萝卜25克，鸡蛋2个，葱花少许

调料 盐、鸡粉各2克，白糖3克，食用油适量

做法

❶ 洗净去皮的胡萝卜切成片；鸡蛋打入碗中，加盐、鸡粉，制成蛋液。

❷ 锅中注水烧开，倒入胡萝卜，拌匀，放入洗好的百合，拌匀。

❸ 加入白糖，煮至食材断生，捞出焯煮好的材料，沥干水分，待用。

❹ 用油起锅，倒入蛋液，炒匀，再放入焯过水的材料，炒匀，最后撒上葱花炒香即可。

彩椒黄瓜炒鸭肉 | 烹饪时间 10分钟

材料 鸭肉180克，黄瓜90克，彩椒30克，姜片、葱段各少许

调料 生抽5毫升，盐、鸡粉各2克，水淀粉8毫升，料酒、食用油各适量

做法

❶洗净的彩椒去籽，切成小块；洗好的黄瓜切成块；处理干净的鸭肉去皮，切丁。

❷将鸭肉装入碗中，淋入2毫升生抽、料酒，加入3毫升水淀粉，拌匀，腌渍至其入味。

❸用油起锅，爆香姜片、葱段，倒入鸭肉、料酒、彩椒、黄瓜，翻炒均匀。

❹加入盐、鸡粉、3毫升生抽、5毫升水淀粉，翻炒至食材入味，关火后盛出炒好的菜肴即可。

蒜薹炒鸭片 烹饪时间 10分钟

材料 蒜薹120克，彩椒30克，鸭肉150克，姜片、葱段各少许

调料 盐、鸡粉、白糖各2克，生抽6毫升，料酒8毫升，水淀粉9毫升，食用油适量

做法

❶洗净的蒜薹切成长段；洗好的彩椒切成细条；处理干净的鸭肉去皮，切成片。

❷鸭肉用2毫升生抽、2毫升料酒、3毫升水淀粉、食用油腌渍。沸水锅中加食用油、1克盐，放入彩椒、蒜薹，焯煮至断生后捞出，沥干水分。

❸用油起锅，爆香姜片、葱段，倒入鸭肉、6毫升料酒。

❹倒入焯好的食材，加入1克盐、白糖、鸡粉、4毫升生抽、6毫升水淀粉，炒匀，关火后盛出菜肴即可。

酸豆角炒鸭肉 |烹饪时间
23分钟

材料 鸭肉500克，酸豆角180克，朝天椒40克，姜片、蒜末、葱段各少许

调料 盐、鸡粉各3克，白糖4克，料酒10毫升，生抽、水淀粉各5毫升，豆瓣酱10克，食用油适量

做法

❶处理好的酸豆角切段，洗净的朝天椒切圈，待用。

❷锅中注入清水烧开，倒入酸豆角，煮半分钟，去除杂质，将酸豆角捞出，沥干水分。

❸把鸭肉倒入沸水锅中，搅拌均匀，汆去血水，将汆好的鸭肉捞出，沥干水分。

❹用油起锅，爆香姜片、蒜末、朝天椒，倒入鸭肉，快速翻炒匀。

❺淋入料酒，放入豆瓣酱、生抽、清水、酸豆角、盐、鸡粉、白糖，炒匀。

❻用小火焖至食材入味，倒入水淀粉，翻炒均匀，关火后盛出炒好的菜肴，放入葱段即可。

永州血鸭

烹饪时间
10分钟

材料 鸭肉400克,青椒、红椒各50克,干辣椒15克,鸭血200毫升,姜末、蒜末、葱段各适量

调料 盐、鸡粉各3克,豆瓣酱20克,生抽5毫升,料酒10毫升,食用油适量

做法

❶洗净的红椒、青椒均切成丁,洗好的鸭肉斩成小块。

❷鸭肉装碗,放1克盐、1克鸡粉、3毫升料酒,淋入生抽,拌匀,腌入味。

❸用油起锅,倒入鸭肉,加入姜末、蒜末、葱段、干辣椒、豆瓣酱,翻炒均匀。

❹放入2克盐、2克鸡粉、7毫升料酒、鸭血,加入青椒、红椒,炒匀,关火后盛出菜肴即可。

材料 鸭肉160克

彩椒60克

香菜梗、姜
末、蒜末、葱
段各少许

调料 盐3克

鸡粉1克

生抽、料酒各
4毫升

水淀粉、食用
油各适量

滑炒鸭丝 | 烹饪时间 10分钟

做法

❶ 洗净的彩椒切条，洗净的香菜梗切段，洗净的鸭肉切丝。

❷ 鸭肉丝装碗，倒入2毫升生抽、2毫升料酒、1克盐、1克鸡粉、水淀粉、食用油拌匀，腌渍至入味。

❸ 用油起锅，下蒜末、姜末、葱段，爆香，放入鸭肉丝，倒入彩椒、2毫升料酒、2毫升生抽，炒匀。

❹ 放入2克盐、香菜梗，炒匀，盛出即可。

材料 鸭肉170克

白玉菇100克

香菇60克

彩椒、圆椒各
30克

姜片、蒜片各
少许

调料 盐3克

鸡粉2克

生抽2毫升

料酒4毫升

水淀粉5毫升

食用油适量

鸭肉炒菌菇 烹饪时间 10分钟

做法

❶洗净的香菇切片，洗净的白玉菇切去根部，洗净的彩椒、圆椒均切丝，洗净的鸭肉切丝。

❷鸭肉丝放碗中，加生抽、1克盐、2毫升料酒、2毫升水淀粉、食用油，拌匀，腌入味。

❸沸水锅中倒入香菇、白玉菇、彩椒、圆椒，加油，煮至断生，捞出。

❹用油起锅，放入姜片、蒜片，爆香，倒入鸭肉、焯过水的食材，加2克盐、鸡粉、3毫升水淀粉、2毫升料酒，炒匀，关火后盛出炒好的菜肴即可。

韭菜花酸豆角炒鸭胗

烹饪时间
5分钟

材料 鸭胗150克，酸豆角110克，韭菜花105克，油炸花生米70克，干辣椒20克

调料 料酒10毫升，盐、鸡粉各2克，生抽、辣椒油各5毫升，食用油适量

做法

❶择洗好的韭菜花切小段，洗净的酸豆角切小段。

❷油炸花生米用刀面拍碎；处理好的鸭胗切片，切条，再切粒。

❸锅中注水烧开，倒入鸭胗、3毫升料酒，汆片刻，将鸭胗捞出，沥干水分。

❹热锅注油烧热，倒入干辣椒，爆香，倒鸭胗、酸豆角，快速翻炒均匀。

❺淋入7毫升料酒、生抽，倒入花生碎、韭菜花，翻炒匀。

❻加入盐、鸡粉、辣椒油，炒匀调味，将菜盛出装入盘中即可。

洋葱炒鸭胗 | 烹饪时间 7分钟

材料 鸭胗170克，洋葱80克，彩椒60克，姜片、蒜末、葱段各少许

调料 盐、鸡粉各3克，料酒5毫升，蚝油5克，生粉、水淀粉、食用油各适量

做法

❶将洗净的彩椒、洋葱均切小块；洗净的鸭胗切上花刀，再切小块。

❷鸭胗中加2毫升料酒、1克盐、1克鸡粉、生粉，腌片刻后入沸水锅中，汆水捞出。

❸用油起锅，倒入姜片、蒜末、葱段，爆香，放入鸭胗、料酒、洋葱、彩椒，炒至熟软。

❹加入2克盐、2克鸡粉、蚝油，炒匀，淋入清水，倒入水淀粉，炒匀，盛出即可。

材料 榨菜200克

鸭胗150克

红椒10克

姜片、蒜末各
少许

调料 盐、鸡粉各2克

白糖3克

蚝油4克

食粉、料酒、水
淀粉、食用油各
适量

榨菜炒鸭胗 烹饪时间 10分钟

做法

❶洗净的鸭胗切片，洗净的榨菜切薄片，洗净的红椒切圈。

❷鸭胗装碗，放食粉、1克盐、1克鸡粉、水淀粉、食用油，腌渍至入味。沸水锅中倒入榨菜，拌匀，焯煮片刻，捞出。

❸用油起锅，爆香姜片、蒜末，倒入鸭胗，翻炒至肉质松散。

❹加入剩下的材料和调料，翻炒匀，关火后盛出炒好的菜肴即可。

椒盐鸭舌 | 烹饪时间 3分钟

材料 鸭舌200克,青椒粒、红椒粒各40克,蒜末、葱花各少许

调料 盐4克,鸡粉2克,生抽5毫升,生粉20克,料酒10毫升,辣椒粉、花椒粉各少许

做法

❶沸水锅中放入鸭舌、2毫升料酒、1克盐,汆熟后捞出。

❷将鸭舌装碗,放入生抽、生粉,拌匀,入热油锅中炸至金黄色,捞出。

❸锅底留油,爆香蒜末、葱花、辣椒粉、花椒粉,倒入红椒、青椒,翻炒均匀。

❹加入3克盐、鸡粉,放入鸭舌,快速翻炒均匀,关火后将炒好的鸭舌盛出,装入盘中即可。

空心菜炒鸭肠

烹饪时间
3分钟

材料 空心菜梗300克，鸭肠200克，
彩椒片少许

调料 盐、鸡粉各2克，料酒8毫升，
水淀粉4毫升，食用油适量

做法

❶洗好的空心菜梗切成小段，处理干净的鸭肠切成小段。

❷沸水锅中倒入鸭肠，略煮片刻，去除杂质，捞出鸭肠，沥干水分。

❸热锅注油，倒入彩椒片，放入空心菜梗，注入清水，倒入鸭肠。

❹加入盐、鸡粉，淋入料酒、水淀粉，炒匀，关火后将炒好的菜肴盛出即可。

彩椒炒鸭肠 | 烹饪时间 10分钟

材料 鸭肠70克，彩椒90克，姜片、蒜末、葱段各少许

调料 豆瓣酱5克，盐3克，鸡粉2克，生抽3毫升，料酒5毫升，水淀粉、食用油各适量

做法

❶将洗净的彩椒切成粗丝；洗好的鸭肠沥干水分，切成段。

❷把鸭肠放在碗中，加入少许的1克盐、1克鸡粉、2毫升料酒、水淀粉，搅匀，腌渍至食材入味。

❸沸水锅中倒入鸭肠，搅匀，煮约1分钟，捞出煮好的鸭肠，沥干水分。

❹用油起锅，爆香姜片、蒜末、葱段，倒入鸭肠、3毫升料酒、生抽、彩椒丝，翻炒熟。

❺注水，加1克鸡粉、2克盐、豆瓣酱，炒匀，倒入水淀粉勾芡，盛出即可。

椒麻鸭下巴 烹饪时间
5分钟

材料 鸭下巴100克，白芝麻17克，蒜末、葱花各少许

调料 盐4克，鸡粉2克，料酒、生抽各8毫升，生粉20克，辣椒油4毫升，辣椒粉15克，食用油适量，花椒粉少许

做法

① 沸水锅中加入鸡粉、料酒、鸭下巴、1克盐搅匀，煮至其入味，捞出鸭下巴。

② 把鸭下巴放入碗中，倒入生抽，加入生粉，搅拌匀。

③ 热锅注油烧热，倒入鸭下巴，炸至焦黄色，捞出。锅底留油，放入蒜末，炒香。

④ 加入辣椒粉、花椒粉、鸭下巴、葱花、白芝麻、辣椒油、3克盐，炒匀，关火后盛出即可。

香芹炒腊鸭 | 烹饪时间 4分钟

材料 腊鸭300克，香芹80克，青蒜50克，青椒、红椒各30克，姜片少许

调料 料酒、生抽各5毫升，鸡粉2克，食用油适量

做法

❶ 洗净的香芹切小段；洗好的青蒜切段；洗净的青椒、红椒去籽，切块。

❷ 锅中注水烧开，倒入腊鸭，汆煮片刻，捞出，沥干水分。

❸ 油爆姜片，放腊鸭、香芹、青椒、红椒，炒匀，加料酒、生抽，炒匀。

❹ 放入青蒜，加入鸡粉，翻炒约2分钟至熟即可。

韭菜花炒腊鸭腿 | 烹饪时间 2分钟

材料 腊鸭腿1只，韭菜花230克，蒜末少许

调料 盐、鸡粉各2克，料酒4毫升，食用油适量

做法

① 将洗净的韭菜花切成段；腊鸭腿斩件，再斩成丁。

② 锅中注水烧开，倒入鸭腿，煮沸，氽去多余盐分，捞出，沥干水分。

③ 用油起锅，放入蒜末，爆香，加入鸭腿肉，炒匀。

④ 倒入韭菜花，翻炒至熟软，放盐、鸡粉，淋入料酒，炒匀即可。

材料　茭白片300克

　　　鸭蛋2个

　　　水发木耳块40克

　　　葱段少许

调料　盐4克

　　　鸡粉3克

　　　水淀粉10毫升

　　　食用油适量

茭白木耳炒鸭蛋 烹饪时间 3分钟

做法

❶将鸭蛋打入碗中，放1克盐、1克鸡粉、水淀粉，打散，调匀。

❷沸水锅中放1克盐、1克鸡粉，倒入茭白、木耳，拌匀，煮至七成熟，捞出。

❸用油起锅，将蛋液炒至七成熟，盛出。

❹另起锅，注油烧热，放入葱段，爆香，倒入茭白、木耳、鸭蛋，翻炒匀，
　加其余的调料，翻炒均匀即可。

肥美水产，
鲜美又不腻

Chapter 5

鱼肉篇

大头菜草鱼 | 烹饪时间 6分钟

材料 草鱼肉260克，大头菜100克，姜丝、葱花各少许

调料 盐2克，生抽3毫升，料酒4毫升，水淀粉、食用油各适量

做法

❶大头菜洗净切片，再用斜刀切菱形块；草鱼肉洗净切长方块。

❷煎锅置火上，淋入食用油烧热，撒上姜丝，爆香。

❸放入鱼块，小火煎香，煎至两面断生，放入大头菜，炒匀，淋入料酒。

❹注水，加入盐、生抽，中火煮约3分钟至熟透，倒入水淀粉。

❺炒至汤汁收浓，盛出，装入盘中，撒上葱花即可。

Tips

锅中也可以注入温开水，这样能缩短烹饪的时间。

青椒兜鱼柳 | 烹饪时间 20分钟

材料 鱼柳150克，青椒70克，红椒5克

调料 盐2克，鸡粉3克，水淀粉、胡椒粉、料酒、食用油各适量

做法

❶洗净的青椒、红椒横刀切开，去籽，切成小块；洗净的鱼柳切成块。

❷将鱼柳放入碗中，淋入料酒、鸡粉和水淀粉，拌匀，腌渍15分钟。

❸用油起锅，炒香青椒、红椒，倒入鱼柳，翻炒3分钟至熟。

❹加盐、胡椒粉、水淀粉，翻炒约1分钟至入味，盛出装盘即可。

材料 山楂90克

鱼肉200克

陈皮4克

玉竹30克

姜片、蒜末、
葱段各少许

调料 盐、鸡粉、白
糖各3克

生抽7毫升

生粉、老抽、
水淀粉、食用
油各适量

山楂鱼块 烹饪时间 10分钟

做法

① 洗净的玉竹切小块，洗净的陈皮切小块，洗净的山楂切小块。

② 鱼肉切小块，装碗，放入1克盐、2毫升生抽、1克鸡粉、生粉，拌匀，腌渍
片刻。

③ 锅注油烧热，入鱼块炸至金黄，捞出。锅底留油，爆香姜片、蒜末、葱段。

④ 加入陈皮、玉竹、山楂、水、5毫升生抽、2克盐、2克鸡粉、白糖、老抽、
水淀粉、鱼块，炒匀即可。

材料 草鱼肉300克
　　　水发木耳100克
　　　卤汁20毫升
　　　姜片少许

调料 盐、鸡粉、胡椒
　　　粉各2克
　　　水淀粉少许
　　　食用油适量

糟熘鱼片
烹饪时间
13分钟

做法 —————

❶ 草鱼肉切双飞片,装碗,加1克盐、1克鸡粉、水淀粉拌匀,腌渍入味。锅中注水烧开,倒入鱼片,略煮,捞出鱼肉,待用。

❷ 热锅注油,爆香姜片,倒入卤汁,注水,放入木耳,搅拌匀。

❸ 调入1克鸡粉、1克盐、胡椒粉拌匀,倒入鱼片,略煮至食材熟透、入味,盛入盘中即可。

芝麻带鱼 | 烹饪时间 18分钟

材料 带鱼140克，熟芝麻20克，姜片、葱花各少许

调料 盐、鸡粉各3克，生粉7克，生抽4毫升，水淀粉、辣椒油、老抽、料酒、食用油各适量

做法

❶用剪刀把处理干净的带鱼鳍剪去，再切小块。

❷带鱼块装碗，放1克盐、1克鸡粉、1毫升生抽、姜片、料酒、生粉，拌匀腌渍。

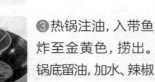

❸热锅注油，入带鱼炸至金黄色，捞出。锅底留油，加水、辣椒油、2克盐、2克鸡粉、3毫升生抽，拌匀煮沸。

❹倒入水淀粉、老抽，炒匀，放入带鱼块，炒匀，撒入葱花，炒香，盛出，撒上熟芝麻即可。

四宝鳕鱼丁

烹饪时间
10分钟

材料 鳕鱼肉200克，胡萝卜150克，豌豆100克，玉米粒90克，鲜香菇50克，姜片、蒜末、葱段各少许

调料 盐、鸡粉各3克，料酒5毫升，水淀粉、食用油各适量

做法

❶ 洗净的胡萝卜去皮切丁，洗净的香菇、鳕鱼肉均切丁。鳕鱼丁用1克盐、1克鸡粉、水淀粉、油拌匀腌渍片刻。

❷ 热锅注水，加入1克盐、1克鸡粉、食用油、豌豆、胡萝卜、香菇丁、玉米粒，煮熟捞出。

❸ 热锅注油，倒入鳕鱼丁，搅拌片刻至其变色，捞出。起油锅，爆香姜片、蒜末、葱段。

❹ 倒入焯过水的食材、鳕鱼丁，加入1克盐、1克鸡粉、料酒，炒至熟透，倒入水淀粉，炒匀，盛出即成。

小鱼花生

烹饪时间
7分钟

材料　小鱼干150克，花生米200克，红椒50克，葱花、蒜末各少许

调料　盐、鸡粉各2克，椒盐粉3克，食用油适量

做法

❶洗净的红椒切条，改切成丁。

❷锅中注水烧开，倒入小鱼干，氽片刻，关火后捞出，沥水装盘。

❸热锅注油，倒入花生米，油炸约1分钟至微黄色，捞出，沥油装盘。

❹往锅中倒入小鱼干，油炸约1分钟至酥软，捞出，沥油装盘。

❺用油起锅，倒入蒜末、红椒丁、小鱼干、盐、鸡粉、椒盐粉，炒匀。

❻加入葱花、花生米，翻炒约2分钟至熟，盛出炒好的菜肴，装入盘中即可。

干烧鳝段 | 烹饪时间 5分钟

材料 鳝鱼120克，水芹菜20克，蒜薹50克，泡小米椒20克，姜片、葱段、蒜末、花椒各少许

调料 生抽、料酒各5毫升，水淀粉、豆瓣酱、食用油各适量

做法

 ❶蒜薹洗净切长段；水芹菜洗净切段；宰杀洗净的鳝鱼切花刀，再切成段。

 ❷锅中注水烧开，倒鳝鱼段，煮至变色，捞出，备用。

 ❸用油起锅，爆香姜片、葱段、蒜末、花椒，放入鳝鱼段、泡小米椒，炒匀。

 ❹加入生抽、料酒、豆瓣酱、水芹菜、蒜薹、水淀粉，炒熟入味，盛出即可。

响油鳝丝 | 烹饪时间 10分钟

材料 鳝鱼肉300克，红椒丝、姜丝、葱花各少许

调料 盐3克，白糖2克，胡椒粉、鸡粉各少许，蚝油8克，生抽7毫升，料酒10毫升，陈醋15毫升，生粉、食用油各适量

做法 ────

① 处理干净的鳝鱼肉切成细丝，装碗加1克盐、鸡粉、4毫升料酒、生粉拌匀，腌渍片刻。

② 锅中注水烧开，倒入鳝鱼丝汆水捞出。热锅注油，倒入鳝鱼丝滑至五六成熟，捞出。

③ 锅留底油，撒上姜丝，爆香，倒入鳝鱼丝，放入6毫升料酒、生抽、蚝油、2克盐、白糖，炒匀调味。

④ 淋上陈醋，炒熟入味，盛出装盘，点缀上葱花和红椒丝，撒上胡椒粉，再用热油收尾即成。

材料 绿豆芽40克

鳝鱼90克

青椒、红椒各
30克

姜片、蒜末、
葱段各少许

调料 盐、鸡粉各3克

料酒6毫升

水淀粉、食用
油各适量

绿豆芽炒鳝丝

烹饪时间
12分钟

做法 —————

❶洗净的红椒、青椒切丝,处理干净的鳝鱼切丝,装入碗中。

❷装有鳝鱼的碗中加入1克鸡粉、1克盐、3毫升料酒、水淀粉、食用油,拌
匀,腌渍10分钟至入味。

❸用油起锅,爆香姜片、蒜末、葱段,放入青椒、红椒,炒匀,倒入鳝鱼
丝,翻炒匀。

❹加入3毫升料酒、绿豆芽、2克盐、2克鸡粉,倒入水淀粉,炒匀,盛出。

剁椒鱿鱼丝 烹饪时间 5分钟

材料 鱿鱼300克，蒜薹90克，红椒35克，剁椒40克

调料 盐2克，鸡粉3克，料酒13毫升，生抽4毫升，水淀粉5毫升，食用油适量

做法

❶蒜薹洗净切成段；红椒切开，去籽，再切成条；处理干净的鱿鱼切成丝。

❷鱿鱼丝加1克盐、1克鸡粉、3毫升料酒，拌匀。鱿鱼丝入沸水中煮变色，捞出。

❸用油起锅，放入鱿鱼丝，翻炒片刻，淋入10毫升料酒，炒匀，放入红椒、蒜薹、剁椒，炒匀。

❹淋入生抽，加入1克盐、2克鸡粉，炒匀调味，倒入水淀粉，快速翻炒片刻，关火后盛出即可。

黑蒜烧墨鱼 | 烹饪时间 5分钟

材料 黑蒜70克，墨鱼150克，彩椒65克，蒜末、姜片各少许

调料 盐、白糖各2克，鸡粉3克，料酒5毫升，水淀粉、芝麻油、食用油各适量

做法

 ❶洗净的彩椒切块；洗好的墨鱼先划十字花刀，再切成块。

 ❷锅中注水烧开，倒入墨鱼块，汆片刻，关火后捞出，沥水装盘。

 ❸用油起锅，爆香姜片、蒜末，放入彩椒块、墨鱼块、料酒、黑蒜，炒匀。

 ❹注入适量清水，加入盐、白糖、鸡粉、水淀粉、芝麻油，炒熟入味，盛出即可。

沙茶墨鱼片

烹饪时间
10分钟

材料 墨鱼150克，彩椒60克，姜片、蒜末、葱段各少许

调料 盐、鸡粉各3克，料酒9毫升，水淀粉8毫升，沙茶酱15克，食用油适量

做法

❶彩椒切小块；墨鱼切片，装碗，加1克鸡粉、1克盐、3毫升料酒、3毫升水淀粉，拌匀，腌渍。

❷锅中注水烧开，放入墨鱼片，汆半分钟，至其变色，捞出。

❸用油起锅，爆香姜片、蒜末、葱段，倒入彩椒、墨鱼片，淋入6毫升料酒，炒匀。

❹倒入沙茶酱，加入2克盐、2克鸡粉，炒至入味，倒入5毫升水淀粉炒匀，盛出即可。

材料 莴笋、水发海
参各200克
桂圆肉50克
姜片、葱段各
少许

调料 盐、鸡粉各4克
料酒10毫升
生抽、水淀粉
各5毫升
食用油适量

桂圆炒海参 | 烹饪时间 3分钟

做法 ———

1 洗净的莴笋对半切开，再切段，改切成薄片。

2 锅中注水烧开，加1克盐、1克鸡粉，放入海参、料酒，倒入莴笋、少许食
用油，拌匀，煮约1分钟，捞出。

3 用油起锅，爆香姜片、葱段，倒入莴笋、海参，炒匀，加3克盐、3克鸡
粉、生抽，炒匀调味。

4 倒入水淀粉勾芡，放入洗好的桂圆肉，拌炒均匀，盛出即可。

鱿鱼须炒四季豆

烹饪时间
3分钟

材料 鱿鱼须200克，四季豆300克，彩椒适量，姜片、葱段各少许

调料 料酒6毫升，白糖、盐、鸡粉各2克，水淀粉3毫升，食用油适量

做法

❶四季豆洗净切小段；彩椒洗净去籽，切成粗条；处理好的鱿鱼须切成段。

❷锅中注水加1克盐，放入四季豆煮至断生，捞出；再倒鱿鱼须，去除杂质捞出。

❸热锅注油，爆香姜片、葱段，放入鱿鱼须，炒匀，淋入料酒，倒入彩椒、四季豆。

❹加入1克盐、白糖、鸡粉、水淀粉，翻炒入味，关火后盛出，装盘即可。

参杞烧海参

烹饪时间
2分钟

材料　水发海参130克，上海青45克，竹笋40克，枸杞、党参、姜片、葱段各少许

调料　盐3克，鸡粉4克，蚝油5克，生抽5毫升，料酒7毫升，水淀粉、食用油各适量

做法

① 处理好的竹笋切薄片；洗净的上海青去除老叶，对半切开；洗好的海参用斜刀切片。

② 锅中注水烧开，淋入食用油，倒入上海青，煮约半分钟，加1克盐，煮至断生，捞出。

③ 将海参、竹笋倒入沸水中，加入2克鸡粉、3毫升料酒，拌匀，煮六成熟，捞出。

④ 起油锅，爆香姜片、葱段，放入党参、海参、竹笋，炒匀，淋入4毫升料酒，炒匀提味，倒入适量清水。

⑤ 撒上枸杞，调入2克盐、2克鸡粉、蚝油、生抽，煮至熟透，加水淀粉，炒入味。

⑥ 将焯过水的上海青摆入盘中，将炒好的食材装入盘中即可。

海参炒时蔬 烹饪时间 3分钟

材料 西芹20克，胡萝卜150克，水发海参100克，百合80克，姜片少许，葱段少许，高汤适量

调料 盐3克，鸡粉2克，水淀粉、料酒、蚝油、芝麻油、食用油各适量

做法

❶ 洗净的西芹切小段，洗好去皮的胡萝卜切小块。

❷ 锅中注入适量清水烧开，倒入胡萝卜、西芹、百合，拌匀，略煮一会儿，捞出备用。

❸ 用油起锅，放入姜片、葱段，倒入洗净切好的海参，注入适量高汤，加入盐、鸡粉、蚝油、料酒，拌匀，煮一会儿，倒入西芹、胡萝卜，炒匀。

❹ 倒入适量水淀粉勾芡，淋入芝麻油，炒匀，装入盘中即可。

菌菇烩海参 | 烹饪时间 20分钟

材料 水发海参85克，鸡腿菇35克，西蓝花120克，蟹味菇30克，水发香菇40克，彩椒15克，姜片、葱段各少许，高汤120毫升

调料 盐、鸡粉各2克，白糖、胡椒粉各少许，料酒4毫升，生抽5毫升，芝麻油、水淀粉、食用油各适量

做法

❶ 洗净的鸡腿菇、海参切粗条，洗净的蟹味菇去根部，洗净的香菇用斜刀切片，洗净的彩椒切粗条，洗净的西蓝花切小朵。

❷ 锅中注入适量清水烧开，放入切好的西蓝花，加入1克盐，煮约2分钟捞出待用。

❸ 用油起锅，放入姜片、葱段爆香，倒入鸡腿菇、蟹味菇，撒上香菇片，炒匀，淋入料酒，翻炒匀，加高汤、生抽、1克盐、鸡粉、白糖，拌匀，倒入海参，用大火略煮，加盖转小火焖15分钟。

❹ 倒入彩椒丝，撒上少许胡椒粉，淋入少许芝麻油，倒入适量水淀粉，用大火快炒，至汤汁收浓，关火后装入盘中，用焯熟的西蓝花围边即可。

虾蟹篇

油爆虾仁 烹饪时间 8分钟

材料 虾仁200克，葱段、姜片、蒜片各少许

调料 盐、白糖各2克，料酒4毫升，胡椒粉少许，海鲜酱20克，水淀粉10毫升，芝麻油3毫升，大豆油适量

做法

❶虾背切开，去虾线，装碗，放1克盐、料酒、胡椒粉、3毫升水淀粉腌渍。

❷锅中注油烧热，放入虾仁，滑油至转色，把虾仁捞出，沥干油，待用。

❸热锅注油，爆香姜片、蒜片、海鲜酱，加适量清水，倒入虾仁。

❹放入1克盐、白糖，加入7毫升水淀粉，炒匀，放入葱段，炒匀，加入芝麻油，炒匀，即可。

什锦虾

烹饪时间
8分钟

材料 基围虾400克，口蘑、香菇、青椒各10克，洋葱、红彩椒各15克，黄彩椒20克

调料 盐2克，鸡粉3克，料酒5毫升，酱油10毫升，白胡椒粉5克，食用油适量

做法

❶处理好的基围虾切去头部，再沿背部切一刀，但不切断；其余食材均洗净，切丁。

❷碗中倒入酱油，加入盐、鸡粉、料酒、白胡椒粉，注水，拌匀，制成调味汁。

❸起油锅，将虾炸至转色捞出，待油温升至八成热，再倒入虾炸片刻，捞出。起油锅，爆香洋葱。

❹倒入香菇、口蘑、青椒、红彩椒、黄彩椒，炒至熟，放入基围虾、调味汁，翻炒至入味，盛出即可。

材料 西蓝花170克
虾仁70克
蒜片少许

调料 盐3克
鸡粉1克
胡椒粉5克
水淀粉、料酒
各5毫升
食用油适量

蒜香西蓝花炒虾仁 烹饪时间8分钟

做法

❶ 洗净的西蓝花切小块。沸水锅中加少许食用油和1克盐，倒入西蓝花煮至断生，捞出。

❷ 虾仁去虾线，装碗，加1克盐、胡椒粉、料酒拌匀，腌渍片刻。起油锅，倒入虾仁，炒至转色，放入蒜片，炒香，倒入西蓝花，翻炒至熟。

❸ 加1克盐、鸡粉，炒匀注水，加水淀粉，炒至收汁，关火后盛出。

虾仁炒豆角 | 烹饪时间 7分钟

材料 虾仁60克，豆角150克，红椒10　**调料** 盐3克，鸡粉2克，料酒4毫升，
克，姜片、蒜末、葱段各少许　　　　水淀粉、食用油各适量

做法

❶ 豆角洗净切段；红椒洗净切条；虾仁洗净去除虾线，装碗，加入1克盐、1
克鸡粉、水淀粉、食用油腌渍。

❷ 沸水锅中加入少许食用油、1克盐，倒入豆角焯水捞出。用油起锅，爆香
姜片、蒜末、葱段。

❸ 倒入红椒、虾仁，翻炒几下，淋入料酒，炒至虾身弯曲、变色，倒入豆角
炒匀。

❹ 调入1克鸡粉、1克盐炒匀，注水，收拢食材，略煮一会儿，用水淀粉勾
芡，炒至熟透，关火后盛出即成。

腰果西芹炒虾仁

烹饪时间
14分钟

材料 腰果80克，虾仁70克，西芹段150克，蛋清30克，姜末、蒜末各少许

调料 盐3克，干淀粉5克，料酒5毫升，食用油10毫升

做法

❶碗中放虾仁，加入蛋清、干淀粉、料酒，拌匀，腌渍10分钟。

❷锅中注水烧开，倒西芹段，焯约2分钟，捞出沥干，装盘备用。

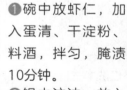
❸锅中注油，放入腰果，小火煸炒至腰果微黄，捞出，装入盘中备用。

❹锅底留油，爆香姜末、蒜末，倒入虾仁，炒至转色，放入西芹段，炒匀。

❺加入盐，炒匀入味，倒入腰果，炒匀，盛出，装入盘中即可。

草菇丝瓜炒虾球 | 烹饪时间 7分钟

材料 丝瓜130克，草菇100克，虾仁90克，胡萝卜片、姜片、蒜末、葱段各少许

调料 盐3克，鸡粉2克，蚝油6克，料酒4毫升，水淀粉、食用油各适量

做法

❶草菇洗净切小块；洗净去皮的丝瓜切小段；洗净的虾仁由背部切开，去除虾线。

❷虾仁放在碗中，加入1克盐、1克鸡粉、水淀粉、食用油，腌至虾仁入味。

❸锅中注水烧开，放入1克盐、食用油，倒入草菇，拌匀，煮至八成熟，捞出。

❹起油锅，爆香胡萝卜片、姜片、蒜末、葱段，倒入虾仁，炒至虾身弯曲。

❺淋入料酒，炒香，放入丝瓜，倒入草菇，炒至丝瓜析出汁水，注水，收拢食材。

❻倒入蚝油，炒香，加入1克盐、1克鸡粉，炒匀调味，倒入水淀粉勾芡，关火后盛出装盘即成。

猕猴桃炒虾球 |烹饪时间 7分钟

材料 猕猴桃60克，鸡蛋1个，胡萝卜 70克，虾仁75克

调料 盐4克，水淀粉、食用油各适量

做法

❶ 将去皮洗净的猕猴桃切小块；洗好的胡萝卜切丁；虾仁背部切开，去除虾线。

❷ 虾仁装碗，加入1克盐、水淀粉腌渍入味；鸡蛋打入碗中，放入1克盐、水淀粉，调匀。

❸ 沸水锅中加1克盐，倒胡萝卜煮至断生，取出；虾仁入油锅炸至转色，取出；锅底留油，倒入蛋液炒熟，盛出待用。

❹ 起油锅，放入胡萝卜、虾仁、鸡蛋、1克盐、猕猴桃、水淀粉，炒至入味，关火后盛出即可。

芦笋沙茶酱辣炒虾 | 烹饪时间 3分钟

材料 芦笋、虾仁各150克,蛤蜊肉100克,白葡萄酒100毫升,姜片、葱段各少许

调料 沙茶酱10克,泰式甜辣酱4克,鸡粉2克,生抽、水淀粉各5毫升,食用油适量

做法

❶ 洗净的芦笋切小段,处理干净的虾仁去除虾线。

❷ 锅中注水烧开,倒入芦笋煮至断生后捞出;蛤蜊肉倒入沸水锅中,焯水捞出。

❸ 热锅注油,爆香姜片、葱段,加入沙茶酱、泰式甜辣酱,炒匀,倒入虾仁、白葡萄酒,炒匀。

❹ 倒入芦笋、蛤蜊肉,炒匀,加入鸡粉、生抽、水淀粉,炒匀入味,关火后盛入盘中即可。

泰式芒果炒虾 |烹饪时间3分钟

材料 基围虾300克，芒果130克，姜片、蒜片、葱段各少许

调料 盐、鸡粉各2克，生抽3毫升，料酒6毫升，泰式辣椒酱35克，食用油适量

做法

❶将洗净的基围虾去除头尾和虾脚；洗好的芒果切取果肉，改切条形。

❷油爆姜片、蒜片、葱段，放入基围虾，淋入料酒，炒香。

❸加入泰式辣椒酱，淋上生抽，加入盐、鸡粉，炒匀炒透。

❹倒入切好的芒果，用大火快炒一会儿，至食材入味即成。

沙茶炒濑尿虾
烹饪时间
4分钟

材料 濑尿虾400克,红椒粒、洋葱粒、青椒粒、葱白粒各10克

调料 鸡粉2克,料酒、生抽各4毫升,沙茶酱10克,蚝油、食用油各适量

做法

❶热锅注油,烧至七成热,倒入濑尿虾,炸至变色,捞出,装盘备用。

❷用油起锅,倒入红椒粒、青椒粒、洋葱粒、葱白粒、沙茶酱,炒匀。

❸放入炸好的虾,翻炒至食材熟软。

❹加入鸡粉、料酒、生抽、蚝油,炒匀调味,关火后盛出装盘即可。

材料 濑尿虾400克
洋葱100克
芹菜20克
红椒15克
姜片、蒜末、
葱段各少许

调料 盐、白糖各2克
鸡粉3克
料酒、生抽、食
用油各适量

小炒濑尿虾 烹饪时间 4分钟

做法

① 洗净的芹菜切长段，洗净的红椒切成圈，洗净的洋葱切成块。

② 热锅注油烧热，倒入处理好的濑尿虾炸至虾身变色，捞出，沥干油。

③ 锅底留油，爆香葱段、蒜末、姜片，加入洋葱、红椒、芹菜，翻炒至熟，倒入虾，加料酒、盐、鸡粉、生抽、白糖，炒匀即可。

美味酱爆蟹 | 烹饪时间 5分钟

材料 螃蟹600克，干辣椒5克，葱段、姜片各少许

调料 黄豆酱15克，料酒8毫升，白糖2克，盐、食用油各适量

做法

❶处理干净的螃蟹剥开壳，去除蟹腮，切成小块。

❷热锅注油烧热，倒入姜片、黄豆酱、干辣椒，爆香。

❸倒入螃蟹，淋入料酒，炒匀去腥，注水，加盐炒匀，大火煮3分钟。

❹掀开锅盖，倒入葱段，炒匀，加入白糖，持续翻炒片刻。

❺关火，将螃蟹盛出装入盘中即可。

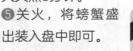

Tips
烹制螃蟹之前，一定要用刷子将蟹壳刷洗干净。

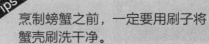

魔芋丝香辣蟹 | 烹饪时间 8分钟

材料 魔芋丝280克，螃蟹500克，绿豆芽80克，花椒15克，干辣椒15克，姜片、葱段各少许

调料 老干妈辣椒酱30克，盐、鸡粉、白糖、料酒、辣椒油、食用油各适量

做法

❶洗净的螃蟹开壳，去除腮、心，斩成块儿，洗净待用。

❷热锅注油烧热，倒入花椒、姜片、葱段、干辣椒、老干妈辣椒酱，炒香。

❸倒入螃蟹，放入料酒、清水，倒入魔芋丝，翻炒片刻，大火煮5分钟至熟。

❹倒入绿豆芽，调入盐、鸡粉、白糖、辣椒油，炒至绿豆芽熟，盛出装盘即可。

贝类篇

材料　鲍鱼肉140克

　　　鲜百合65克

　　　彩椒12克

　　　姜片、葱段各
　　　少许

调料　盐、鸡粉各2克

　　　白糖少许

　　　料酒3毫升

　　　水淀粉、食用
　　　油各适量

百合鲍片 烹饪时间 3分钟

做法

❶洗净的鲍鱼肉切片；洗净的彩椒切开，再改切菱形片。

❷锅中注水烧开，放入百合，焯去杂质，捞出；沸水锅中倒入鲍鱼片，焯
去腥味，捞出。

❸用油起锅，爆香姜片、葱段，倒入彩椒片，炒匀，放入鲍鱼片、料酒，
炒香。

❹倒入百合，转小火，加其余的调料，炒匀盛出即可。

鲍丁小炒 烹饪时间 5分钟

材料 小鲍鱼165克，彩椒55克，蒜末、葱末各少许

调料 盐、鸡粉各2克，料酒6毫升，水淀粉、食用油各适量

做法

① 将洗净的鲍鱼剖开，分出壳、肉，去除污渍，待用。

② 锅中注入适量清水烧开，倒入鲍鱼，淋入3毫升料酒，拌匀，去除腥味，捞出待用。

③ 彩椒洗净切丁；放凉的鲍鱼肉切开，改切成丁。

④ 用油起锅，倒入蒜末、葱末，爆香，放入彩椒丁，炒匀，放入切好的鲍鱼肉炒匀。

⑤ 淋入3毫升料酒，炒出香味，加入盐、鸡粉，倒入适量水淀粉，用中火快速翻炒至食材熟透，摆盘即成。

姜葱炒花螺 | 烹饪时间 2分钟

材料 花螺500克，葱段、姜片、红椒 圈各少许

调料 盐、鸡粉各2克，料酒4毫升，蚝 油5克，生抽5毫升，水淀粉、食 用油各适量

做法

❶锅中注入适量清水烧开，倒入洗净的花螺，略煮一会儿。

❷淋入2毫升料酒，汆去腥味。

❸将煮好的花螺捞出，沥干水分，装入盘中，备用。

❹热锅注油，倒入一半葱段、姜片、一半红椒圈，翻炒出香味。

❺倒入花螺，快速翻炒片刻。

❻加入盐、2毫升料酒、生抽、蚝油、鸡粉，炒匀调味。

❼放入剩余的红椒、葱段，倒入适量水淀粉。

❽翻炒片刻，使食材更入味，关火后将炒好的花螺盛出，装入盘中即可。

泰式肉末炒蛤蜊 |烹饪时间 3分钟

材料 蛤蜊500克，肉末100克，姜末、葱花各少许

调料 泰式甜辣酱、豆瓣酱各5克，料酒、水淀粉各5毫升，食用油适量

做法

① 锅中注入适量清水，用大火烧开，倒入处理好的蛤蜊，略煮一会儿，捞出，沥干水分，待用。

② 热锅注油，倒入肉末，翻炒至变色，倒入姜末、一半葱花，放入豆瓣酱、泰式甜辣酱。

③ 倒入蛤蜊，淋入料酒，快速翻炒均匀，倒入水淀粉，翻炒匀。

④ 放入余下的葱花，炒出香味，关火后将炒好的菜肴盛入盘中即可。

材料 净蛤蜊550克

节瓜120克

海米45克

姜片、葱段、
红椒圈各少许

调料 盐2克

鸡粉少许

蚝油7克

生抽4毫升

料酒3毫升

水淀粉、食用
油各适量

节瓜炒蛤蜊 | 烹饪时间 4分钟

做法

❶将洗净的节瓜切开,去除瓜瓤,再切粗条。

❷锅中注水烧热,倒入洗净的蛤蜊,中火煮约3分钟,去除杂质,至壳裂
开,捞出。

❸用油起锅,爆香姜片、葱段、红椒圈,倒入洗好的海米、节瓜、蛤蜊,淋
入料酒,炒至断生,加入其余调料,炒至入味,关火后盛出即可。

酱爆血蛤 | 烹饪时间 3分钟

材料 血蛤400克，姜片、葱段、彩椒片各少许

调料 柱侯酱5克，老抽2毫升，鸡粉、盐各2克，料酒4毫升，水淀粉3毫升，食用油适量

做法

 ❶锅中注清水烧开，倒入洗好的血蛤，略煮一会儿，捞出，沥干水分。

 ❷热锅注油，倒入姜片、葱段，爆香。

 ❸倒入柱侯酱、彩椒片、血蛤，炒匀，淋入老抽，调入鸡粉、盐、料酒。

 ❹加入水淀粉，翻炒匀，关火后将炒好的菜肴盛出即可。

姜葱炒血蛤 | 烹饪时间 3分钟

材料 血蛤400克,红椒圈、青椒圈、葱段、姜片各少许

调料 料酒5毫升,蚝油5克,盐、鸡粉各2克,生抽、水淀粉各4毫升,食用油适量

做法

❶锅中注入适量清水烧开,倒入洗好的血蛤,略煮一会儿,捞出,沥干水分。

❷热锅注油,爆香姜片,放入葱段、血蛤,注入少许清水,炒匀。

❸放入青椒圈、红椒圈,加入料酒、生抽、蚝油、盐、鸡粉,炒匀调味。

❹倒入水淀粉,翻炒均匀,关火后将炒好的菜肴盛出,装盘即可。

罗勒叶炒海瓜子 | 烹饪时间 2分钟

材料 海瓜子300克，罗勒叶、姜片、葱段、红椒圈各少许

调料 盐、鸡粉各2克，生抽5毫升，白糖3克，料酒4毫升，蚝油4克，食用油、水淀粉各适量

做法

❶锅中注入适量清水烧热，倒入海瓜子，煮至全部开口后将其捞出，沥干水分，备用。

❷热锅注油，倒入姜片、葱段、红椒圈爆香。

❸放入洗好的罗勒叶，炒出香味，倒入海瓜子，炒匀，加入料酒、盐、鸡粉、蚝油、生抽、白糖，炒匀调味。

❹加入适量水淀粉，翻炒均匀，关火后将炒好的菜肴盛入盘中即可。